现代铝加工生产技术丛书

主编 周 江 赵世庆

铝合金生产安全及环保技术

田 树 陈思仁 范生艳 闯宏宇 编著

北 京

冶 金 工 业 出 版 社

2009

内 容 简 介

本书是《现代铝加工生产技术丛书》之一，详细介绍了铝合金生产安全及环保技术等。全书分上、下篇，上篇包括8章，主要介绍了铝合金生产中的安全卫生技术；下篇包括4章，主要介绍了铝合金生产中的环境保护技术。另外，在附录中编入了我国有关安全生产及环境保护的法律、法规和标准等。本书在内容组织和结构安排上，力求理论联系实际，切合生产实际需要，突出实用性、先进性和行业特色，为读者提供一本实用的技术著作。

本书是铝加工生产企业工程技术人员和管理人员必备的技术读物，也可供从事有色金属材料与加工的科研、设计、教学、生产和应用等方面的技术人员与管理人员使用，同时还可作为大专院校有关专业师生的参考书。

图书在版编目(CIP)数据

铝合金生产安全及环保技术/田树等编著.—北京：冶金工业出版社，2009.10
(现代铝加工生产技术丛书)
ISBN 978-7-5024-5073-1

Ⅰ.铝…　Ⅱ.田…　Ⅲ.①铝合金—安全生产　②铝合金—无污染技术　Ⅳ.TG146.2

中国版本图书馆CIP数据核字(2009)第179150号

出 版 人　曹胜利
地　　址　北京北河沿大街嵩祝院北巷39号，邮编100009
电　　话　(010)64027926　电子信箱　postmaster@cnmip.com.cn
责任编辑　张登科　美术编辑　李　新　版式设计　张　青
责任校对　栾雅谦　责任印制　牛晓波
ISBN 978-7-5024-5073-1
北京百善印刷厂印刷；冶金工业出版社发行；各地新华书店经销
2009年10月第1版，2009年10月第1次印刷
148mm×210mm；8.25印张；248千字；247页；1-2500册
29.00元

冶金工业出版社发行部　电话：(010)64044283　传真：(010)64027893
冶金书店　地址：北京东四西大街46号(100711)　电话：(010)65289081
(本书如有印装质量问题，本社发行部负责退换)

《现代铝加工生产技术丛书》

编辑委员会

《现代铝加工生产技术丛书》

主要参编单位

东北轻合金有限责任公司

西南铝业（集团）有限责任公司

中国铝业股份有限公司西北铝加工分公司

北京有色金属研究总院

广东凤铝铝业有限公司

广东中山市金胜铝业有限公司

上海瑞尔实业有限公司

《丛书》前言

节约资源、节省能源、改善环境越来越成为人类生活与社会持续发展的必要条件，人们正竭力开辟新途径，寻求新的发展方向和有效的发展模式。轻量化显然是有效的发展途径之一，其中铝合金是轻量化首选的金属材料。因此，进入21世纪以来，世界铝及铝加工业获得了迅猛的发展，铝及铝加工技术也进入了一个崭新的发展时期，同时我国的铝及铝加工产业也掀起了第三次发展高潮。2007年，世界原铝产量达3880万t（其中：废铝产量1700万t），铝消费总量达4275万t，创历史新高；铝加工材年产达3200万t，仍以5%～6%的年增长率递增；我国原铝年产量已达1260万t（其中：废铝产量250万t），连续五年位居世界首位；铝加工材年产量达1176万t，一举超过美国成为世界铝加工材产量最大的国家。与此同时，我国铝加工材的出口量也大幅增加，我国已真正成为世界铝业大国、铝加工业大国。但是，我们应清楚地看到，我国铝加工材在品种、质量以及综合经济技术指标等方面还相对落后，生产装备也不甚先进，与国际先进水平仍有一定差距。

为了促进我国铝及铝加工技术的发展，努力赶超世界先进水平，向铝业强国和铝加工强国迈进，还有很多工作要做：其中一项最重要的工作就是总结我国长期以来在铝加工方面的生产经验和科研成果；普及和推广先进铝加工技术；提出我国进一步发展铝加工的规划与方向。

几年前，中国有色金属学会合金加工学术委员会与冶金工业出版社合作，组织国内20多家主要的铝加工企业、科研院所、大专院校的百余名专家、学者和工程技术人员编写出版了大型工具书——《铝加工技术实用手册》，该书出版后受到广大读者，特别是铝加工企业工程技术人员的好评，对我国铝加工工业的发展起到一定的促进作用。但由于铝加工工业及技术涉及面广，内容十分丰富，《铝加工技术实用手册》因篇幅所限，有些具体工艺还不尽深入。因此，有读者反映，能有一套针对性和实用性更强的生产技术类《丛书》与之配套，相辅相成，互相补充，将能更好地满足读者的需要。为此，中国有色金属学会合金加工学术委员会与冶金工业出版社计划在“十一五”期间，组织国内铝加工行业的专家、学者和工程技术人员编写出版《现代铝加工生产技术丛书》(简称《丛书》)，以满足读者更广泛的需求。《丛书》要求突出实用性、先进性、新颖性和可读性。

《丛书》第一次编写工作会议于 2006 年 8 月 20 日在北戴河召开。会议由中国有色金属学会合金加工学术委员会主任谢水生主持，参加会议的单位有：西南铝业（集团）有限责任公司、东北轻合金有限责任公司、中国铝业股份有限公司西北铝加工分公司、北京有色金属研究总院、广东凤铝铝业有限公司、华北铝业有限公司的代表。会议成立了《丛书》编写筹备委员会，并讨论了《丛书》编写和出版工作。2006 年年底确定了《丛书》的编写分工。

第一次《丛书》编写工作会议以后，各有关单位领导十分重视《丛书》的编写工作，分别召开了本单位的编写工作会议，将编写工作落实到具体的作者，并都拟定了编写大纲和目录。中国有色金属学会的领导也十分重视《丛书》的编写工作，将《丛书》的编写出版工作列入学会的 2007 ~ 2008 年工作计划。

为了进一步促进《丛书》的编写和协调编写工作，编委会于 2007 年 4 月 12 日在北京召开了第二次《丛书》编写工作会议。参加会议的有来自西南铝业（集团）有限责任公司、东北轻合金有限责任公司、中国铝业股份有限公司西北铝加工分公司、北京有色金属研究总院、广东凤铝铝业有限公司、上海瑞尔实业有限公司、广东中山市金胜铝业有限公司、华北铝业有限公司和冶金工业出版社的代表 21 位同志。会议进一步修订了《丛书》各册的编写大纲和目录，落实和协调了各册的编写工作和进度，交流了编写经验。

为了做好《丛书》的出版工作，2008 年 5 月 5 日在北京召开了第三次《丛书》编写工作会议。参加会议的单位有：西南铝业（集团）有限责任公司、东北轻合金有限责任公司、中国铝业股份有限公司西北铝加工分公司、北京有色金属研究总院、广东凤铝铝业有限公司、广东中山市金胜铝业有限公司、上海瑞尔实业有限公司和冶金工业出版社，会议代表共18位同志。会议通报了编写情况，协调了编写进度，落实了各分册交稿和出版计划。

《丛书》因各分册由不同单位承担，有的分册是合作编写，编写进度有快有慢。因此，《丛书》的编写和出版工作是统一规划，分步实施，陆续尽快出版。

由于《丛书》组织和编写工作量大，作者多和时间紧，在编写和出版过程中，可能会有不妥之处，恳请广大读者批评指正，并提出宝贵意见。

另外，《丛书》编写和出版持续时间较长，在编写和出版过程中，参编人员有所变化，敬请读者见谅。

《现代铝加工生产技术丛书》编委会

2008年6月

前　言

铝及铝合金材料具有一系列优异特性，它已广泛用于国民经济的许多领域，如航空航天、交通运输、电子通讯、建筑装饰、包装容器、机械电气、石油化工、能源动力、家电五金、文体卫生等行业，并成为我国经济发展和人民生活水平提高的重要基础材料。

近20年来，我国的铝加工行业发展十分迅速，铝材产量从1980年不到30万t，发展到2008年的1427万t。同时，出现了许多新材料、新技术、新工艺及新设备，我国已成为名副其实的铝业大国。然而，在铝材产量大幅度增长的同时，铝材加工过程中的安全卫生和环保问题也日益受到人们的关注。因此，在中国有色金属学会合金加工学术委员会与冶金工业出版社的组织下，作者参阅了有关铝合金加工过程中安全卫生和环保方面的技术和资料，并结合作者长期在生产一线的实践经验，编写了本书，以期对我国铝材加工过程中的安全卫生和环保技术的发展有所裨益。

本书分上、下篇，上篇包括8章，主要介绍了铝合金生产中的安全卫生技术；下篇包括4章，主要介绍了铝合金生产中的环境保护技术。另外，在附录中编入了我国有关安全生产及环境保护的法律、法规和标准等，以便企业贯彻执行。本书在内容组织和结构安排上，力求理论联系实际，切合生产实际需要，突出实用性、先进性和行业特色，为读者提供一本实用的技术著作。

本书是铝加工生产企业工程技术人员和管理人员必备的技术读物，也可供从事有色金属材料与加工的科研、设计、教学、生产和应用等方面的技术人员与管理人员使用，同时还可作为大专院校有关专业师生的参考书。

本书上篇由田树、陈思仁编写；下篇由范生艳编写；附录由陈思仁、范生艳、闯宏宇选编。

本书在编写过程中，参考了一些专家、学者的有关资料及著作，在此表示诚挚的谢意。作者真诚地希望本书能对从事铝加工行业安全环保工作的技术人员和管理人员提供一些有益的帮助。

由于作者水平所限，书中不妥之处，恳请广大读者批评指正。

作　者

2009年8月

目　录

上篇　安全卫生技术

下篇 环境保护技术

附录 有关安全生产及环境保护法律法规和标准

上篇　安全卫生技术

1　铝加工工艺过程及其主要危险因素

1.1　铝加工过程及其主要危险因素

目前，在国内铝加工材生产中，铝板带材、箔材、管材、棒材、型材、线材、锻件的主要生产工艺流程和加工过程中产生的主要危险因素如图 1-1 所示。

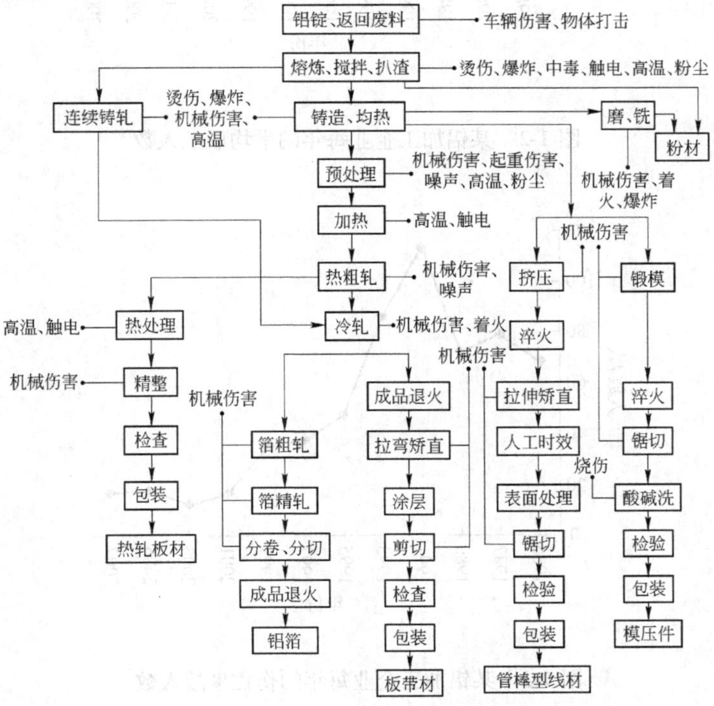

图 1-1　铝加工过程及其主要危险因素

1.2 某铝加工企业工伤事故统计

某铝加工企业每年的平均职工人数如图 1-2 所示。某铝加工企业每年的伤亡事故人数及负伤率分别如图 1-3、图 1-4 所示。

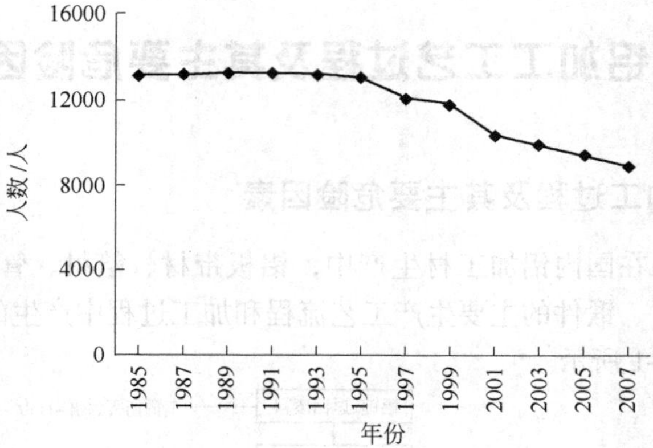

图 1-2 某铝加工企业每年的平均职工人数

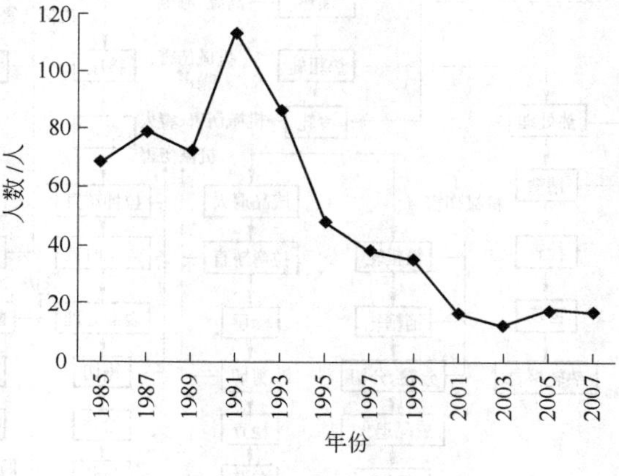

图 1-3 某铝加工企业每年的伤亡事故人数

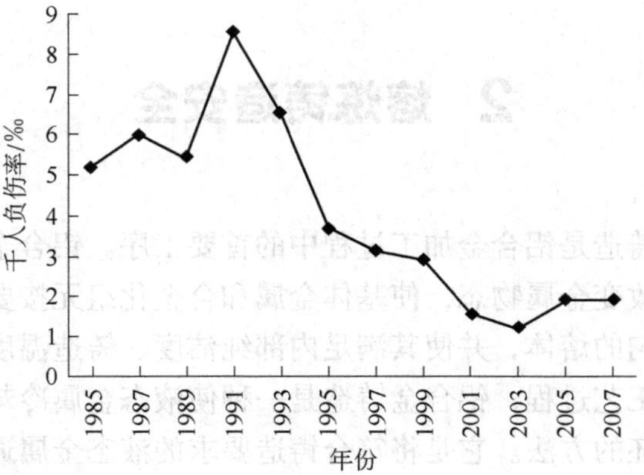

图 1-4　某铝加工企业每年的千人负伤率

2 熔炼铸造安全

熔炼和铸造是铝合金加工过程中的首要工序。铝合金熔炼是采用加热的方式改变金属物态，使基体金属和合金化组元按要求的配比熔制成成分均匀的熔体，并使其满足内部纯洁度、铸造温度和其他特定条件的一种工艺过程；铝合金铸造是一种使液态金属冷却成形为给定形状零件毛坯的方法。它是将符合铸造要求的液态金属通过一系列转注工具浇入到具有一定形状的铸模（结晶器）中，使液态金属在重力场和外力场（如电磁、离心力、振动惯性力、压力等）的作用下充满铸模型腔，冷却并凝固成具有铸模型腔形状铸件的工艺过程。

铝合金的熔炼和铸造采用熔炼炉、铸造机、起重设备和运输车等设备，由于生产过程中伴有高温、有毒、有害、易燃易爆气体产生，因此，如果安全管理不到位或设备操作不当，就容易引起铝熔体爆炸、气体爆炸、气体中毒、铸锭炸裂、机械伤害、起重伤害及车辆伤害等事故。

2.1 燃气熔炼炉安全

2.1.1 危险机理

燃气熔炼炉是一种重要的熔炼设备。燃气加热炉常用的气体燃料有天然气、发生炉煤气、高炉煤气和焦炉煤气。

天然气中的主要成分是甲烷（CH_4），其余有少量的乙烷（C_2H_6）、丙烷（C_3H_8）、二氧化碳（CO_2）、氮气（N_2）和微量氧气（O_2）。当空气中甲烷含量（体积分数，下同）达到10%以上时，人体的反应是虚弱、晕眩，进而失去知觉甚至死亡。甲烷是无色无臭的可燃性气体，当空气中含有4%～15%（体积分数）的天然气时便会成为爆炸性气体。天然气燃点为650～750℃，火焰最高温度为1950℃，其燃烧值为37800kJ，其密度是空气密度的0.5～0.7倍，因此，泄漏的气体一般都在室内上空，但丙烷、丁烷由于比空气重，一般都积累在地面和阴沟内。

煤气中含大量有毒气体，如一氧化碳、硫化氢、苯、酚、氨等。高炉煤气和发生炉煤气一氧化碳含量高，吸入人体后，一氧化碳与血液中的血红素化合，使血液失去输氧能力，引起中枢神经障碍，轻者头疼、晕眩、耳鸣、恶心、呕吐，重者两腿无力，精神恍惚，吐白沫，大小便失禁等；重者昏迷甚至死亡。

煤气参考成分及性质见表2-1。

表2-1 煤气参考成分及性质

项 目	高炉煤气	焦炉煤气(净化)	发生炉煤气	转炉煤气
CO/%	27~30	7	26~31	60~70
CO_2/%	8~12	3~3.5	2~5	
N_2/%	55~57	7~8	55	
CH_4/%	<0.5	20~25	1~3	
H_2/%	1.5~1.8	58~60	10~13	
游离氧/%		0.5		
碳氢化合物/%		2	<0.5	
发热量/(kcal①·m^{-3})	850~950	3900~4400	1400~1700	1800~2200
密度/(kg·m^{-3})	1.295	0.45~0.55	1.08~1.25	
燃点/℃	700	600~650	700	650~700
主要性质	无色、无味，有剧毒，易燃易爆	无色，有臭味，有毒，易燃易爆	有色、有臭味，有剧毒，易燃易爆	无色、无味，有剧毒，易燃易爆

①1kcal=4.1868kJ。

煤气与天然气都含有较多的氢气和甲烷，属易燃气体，与空气相混合，达到一定的浓度，遇明火就会发生爆炸。各种煤气在空气中含量的爆炸范围见表2-2。

可燃气与空气混合的爆炸范围愈大，危险性也愈大，因此，使用煤气炉熔炼的主要预防工作是防爆炸、防中毒、防着火。

表 2-2 各种可燃气在空气中含量（体积分数）的爆炸范围 （%）

可燃气		C_4H_{10}	C_3H_8	C_2H_2	C_3H_{12}	CH_4	H_2	焦炉气	发生炉煤气	CO	NH_3	高炉煤气
在空气中的含量	下限	1.8	2.4	2.2	3.2	5	4	5.6	8	12.5	15.5	35
	上限	8.4	9.5	81	12.5	15	74.2	30.4	24.5	74.2	27	74

中毒、着火、爆炸是使用煤气的三大危害。因此，铝加工企业生产中接触煤气的作业容易引起事故，通常称为煤气三大事故。发生煤气事故的原因如下：

（1）缺乏煤气安全知识。如在煤气浓度较高的地方进行作业时不戴防毒面具。

（2）煤气设备泄漏煤气。

（3）设备有隐患，如水封有效高度不够，放散管高度不够，处理煤气的风机不防爆等。

（4）切断煤气不彻底，没有完全切断煤气来源。如不堵盲板，而单靠开闭器切断煤气来源。

（5）上级变电所或自控电器设备出事故，突然停电。

（6）操作技术不熟练，误操作，或者不懂操作技术。

（7）处理煤气完毕后，煤气设备内的沉淀物（如焦油、萘等）自燃或遇火燃烧爆炸。

（8）抽堵盲板没有接地线，作业处蒸汽管道没有保温层（或保温层脱落），蒸汽管道与煤气管道碰撞，盲板、吊具与管道摩擦等。

2.1.2 安全措施

为确保安全，应采取以下措施：

（1）防止管道漏气。为了便于及时发现煤气泄漏，可采取将煤气加臭的措施，一般是每1000m^3 煤气加15kg 硫醇（C_2H_5SH）。但是由于偶然原因，煤气也会失去臭味，所以最好的办法是车间或有煤气的场所要设置有害气体超量报警器和进行局部抽风。同时，对有可能泄漏的部位可用肥皂泡法和压力试验的方法进行检查，并形成相关的检查制度，以防止煤气意外泄漏。

(2) 启动加热炉时，应首先检查抽风机并完全打开炉门。为防止炉内形成爆炸混合气体，先通过低压置换的办法将输送管路的空气排净，并用仪表或将气体通入水的办法检测管道中的气体是否合乎标准后才可点火。

(3) 烧嘴停止燃烧时，应先关闭煤气，然后再关闭空气。

(4) 点燃烧嘴的支管（在 1.5m 高度）应串接两个阀门，一个用作开断，另一个用作调节。在两个阀门之间接入一个用于吹风的三通接管和排入大气管接通。

(5) 在车间内每台设备上要有一个关断阀，在车间外部设一个总阀，在车间生产设备总煤气管道的一端引出一根排气管道，应高出屋顶 2m。

(6) 做好煤气作业人员的安全教育培训工作，使作业人员懂得煤气防护知识、救护知识和具体的操作规程。

(7) 在有煤气存在的条件下进行维修工作时，必须使管道内煤气保持一定的正压并采取相应措施后才能进行。

(8) 在有煤气泄漏危险场所进行抽堵盲板或检修作业的人员必须佩戴空气（氧气）呼吸器，防止煤气中毒。

(9) 新建或大修后的设备，要进行强度及严密性试验，合格后方可投产。

(10) 进入煤气设备内作业时，一氧化碳含量及允许工作时间应符合表 2-3 所列的规定。并要可靠地切断煤气来源，如堵盲板，设水封等，盲板要经过试验，水封阀门不能作为单独的切断装置。煤气系统中水封要保持一定的高度，生产中要经常保持溢流，水封的有效高度，室内为计算压力加 1000mmH_2O（10kPa）；室外为计算压力加 500mmH_2O（5kPa）（1mmH_2O = 9.8Pa，下同）。

表 2-3 一氧化碳含量及允许工作时间

ρ_{CO}/mg · m^{-3}	30	50	100	200
连续工作时间/h	<1	<1	<0.5	<0.25 ~ 0.33

(11) 在煤气设备内清扫检修时，必须将残存煤气处理完毕，经试验合格后方可进行。对煤气区域的工作场所，要经常进行空气中一氧化碳含量分析，如超过国家规定的卫生标准时，要检查、分析原因并进行处理。

(12) 煤气区域应挂有“煤气危险区域”的标志牌。发生煤气中毒事故时，应立即通知煤气救护站，进行抢救和处理。

(13) 防止煤气着火、爆炸的措施：

1）防止煤气与空气混合成爆炸比例，控制氧含量不使其达到爆炸界限，同时不使火源、火花或赤热物与其接触；

2）通煤气的管道与没有通煤气的管道，必须有可靠的切断装置，不允许单独用阀门切断，高炉煤气管道在驱除煤气时，必须打开末端放散管及另一端入孔，用鼓风机强制通风，焦炉煤气管道需用蒸汽驱赶，或先通蒸汽，然后再用鼓风机通风；

3）在停送煤气放散时，放散管周围40m内不准有明火存在，煤气管道设备停煤气后，必须立即按规定要求进行处理，合格后方可进行检修动火。高炉煤气、发生炉煤气可用鸽子或其他探测、报警装置进行检测。焦炉煤气、天然气可做爆发试验或进行一氧化碳含量分析；

4）在煤气管道上动火焊接时，必须保持管道内正压不低于50mmH_2O（500Pa），当压力低于50mmH_2O（500Pa）时，要立即拉掉电焊机电源；

5）使用煤气时，必须在压力正常的情况下才能点火。点火时必须先点火后给煤气，并将烟道闸门和炉门打开；

6）发生煤气爆炸事故时，要立即通知用户止火，切断煤气来源，关闭阀门或水封并堵盲板，用蒸汽或者自然通风处理残余煤气，以防再次爆炸；煤气管道局部着火时，可用黄泥堵塞着火处。如裂缝太大，用黄泥堵塞不住时，应采取紧急措施，通知有关单位停止使用煤气，然后采取灭火及其他处理措施。

2.1.3　煤气作业安全规定

2.1.3.1　煤气作业

煤气作业内容包括：

(1) 煤气操作人员及外来实习人员必须接受安全规程教育，经考试合格方准操作。

(2) 工作前检查煤气炉及所有设备是否正常。发现不安全问题应立即报告并采取安全措施，通知维修工人进行检查修理，在未修好之前禁止使用。

(3) 岗位操纵手应经常用肥皂水涂刷易漏处，发现漏气立即处理。

(4) 开、闭煤气支管闸阀时，要对附近的电源母线悬挂停电牌。

(5) 点火前的准备，包括：

1) 点火前半小时通知煤气发生站，做好准备工作；

2) 钳工、电工、管工、仪表工必须做好机械、电气、管道、仪表等方面点火前的检查工作；

3) 确认所有设备（开关、烧嘴、风阀）完好时，将闸阀全部关严；

4) 确认主管道煤气压力在规定压力以上，煤气温度不超过60℃，煤气中含氧量在0.8%（体积分数）以下时，方可点火。

(6) 点火的步骤，包括：

1) 点火前打开末端放散管，并用蒸汽通入煤气管道内进行吹洗放散，除去残余气体，当手摸煤气管道发热时，停止送蒸汽，同时送煤气，继续用煤气放散；

2) 打开鼓风机对炉膛吹洗5~10min。同时打开烟道闸阀，用烟囱的抽力将炉膛内残余煤气全部排净；

3) 点火前要做好爆发试验，确认煤气成分合格后，关闭所有放散管及风阀（这时鼓风机必须继续运转），并打开炉门进行点火，如有多台炉点火时先点系统末端一台；

4) 烧嘴点不着火时，立即关闭煤气闸阀，打开末端放散管及烟道闸阀，重新做炉膛吹洗放散，并找出原因，重新进行爆发试验，如煤气成分不合格时，仍须打开末端放散管进行放散，直至煤气成分确认合格后方可关闭末端放散管，重新点火；

5) 多台煤气炉不许同时点火，末端一台点火正常后再按顺序点下一台。

(7) 生产过程中，使用煤气流量不许超过计划流量。增减流量时，必须与煤气发生站联系，经对方允许后方可缓慢增减。

(8) 煤气炉工作压力不得低于规定压力，发现煤气压力下降并低于规定压力时，要迅速与煤气发生站联系，同时关闭煤气闸阀和风阀。

(9) 发生停电或鼓风机电机故障时，立即关闭煤气闸阀和风阀。

(10) 如鼓风机压力降低时（正常鼓风流量与煤气流量之比为1.17∶1)，要同时关闭煤气阀和风阀。

(11) 煤气炉事故停电后恢复点火的步骤，包括：

1) 发生事故停电时，全体煤气炉人员必须按岗位立即关闭所有煤气烧嘴，其他使用煤气部位同时将煤气阀门关闭；

2) 发生事故停电时，电工、仪表工及有关人员立即到煤气炉处理事故，并及时做好恢复送电和点炉的准备工作；

3) 煤气炉当班负责人立即与分厂值班室联系，查明事故原因，并采取必要的防范措施；

4) 事故停电期间，煤气炉当班负责人全权负责与煤气站联系处理煤气系统的一切问题；

5) 三种不同情况恢复点炉时应做到：①停电时间在1h以内恢复点炉前必须确认煤气主管道压力在规定压力以上，并报告分厂值班室后，由电工、仪表工等有关人员在场监护点炉；②炉膛温度在700℃以上时，可直接开动烧嘴点火，炉膛温度在700℃以下时，必须先开风机吹洗炉膛10min后，用火把点炉；③停电1h以上时，要求末端及所有放散阀放散，煤气站低压吹洗管道，送高压，在末端取样口取样分析含氧量小于0.8%（体积分数）时方可点炉。

(12) 停炉的步骤，包括：

1) 停炉前半小时通知煤气发生站；

2) 正常情况下停炉时，先关闭煤气阀门，后关闭风阀，停止鼓风机，同时检查炉内所有烧嘴要全部熄灭；

3) 不使用的煤气炉，将末端放散管闸阀打开，烟道闸阀关闭。

(13) 煤气主管道的水封和流水管应设专人经常检查，确认流水正常；每季度由管工清理和检修一次，发现问题及时报告处理。

(14) 煤气炉扒渣时要穿戴好劳动防护用品。

2.1.3.2 煤气设备和管道修理

有关规定内容包括：

(1) 煤气设备和管道检修前，负责人必须制定工作程序和安全措施并填写安全措施卡片，向所有参加检修人员做详细安排。

(2) 工作前由检修负责人检查空气（氧气）呼吸器、检修使用的工具和灭火用具，确认完好后方可进行工作。

(3) 检修人员未经允许不准离开工作地点或进行工作。

(4) 进入煤气管道和烟道内工作的人员必须身体健康（有高血压、冠心病、眩晕症、癫痫病及身体不适者不得进入）。

(5) 煤气设备、管道修理必须使用铜质工具或涂上润滑油的铁质工具。

(6) 在煤气区域或煤气现场检修时一氧化碳浓度超过 $30mg/m^3$ 时，应该立即向有关人员报告，同时通知现场操作人员，必要时佩戴空气（氧气）呼吸器，并设专人监护。

(7) 工作前必须把煤气设备、管道里的残余煤气吹洗干净，并保证通风良好，然后用小鸟试验 10 ~ 15min。

(8) 在煤气设备、管道中工作时，要轮换休息，管道外必须设监护人员，并保持内外联系。

(9) 修理时，煤气隔绝装置、水封必须派专人看守，开闭器加盲板。

(10) 煤气管道人孔必须设置平台和护栏。

2.1.3.3 煤气设备和管道打压试验

有关规定内容包括：

(1) 新建、扩建或大修后的煤气设备、管道使用前必须进行气密性试验，合格后方可投入使用。

(2) 做打压试验的管道与正在使用的管道用盲板隔断。

(3) 对管道结构连接及焊接部分进行详细的内外检查，不能进入内部检查的直径小于 700mm 的管道可在入口处进行检查，检查内部及拐弯处和排水器等部位时必须有安全照明。

(4) 用反复全开全关的方法检查开闭器叶形插板等隔断设备是

否灵活可靠。检查所有的水封水位、进水器和排水器是否正常。

(5) 用压缩空气试验（不准用水试验）煤气管道的严密性。试验压力规定：

1) 室内煤气管道打压的压力不得小于30kPa，持续2h后，泄漏率小于2%为合格；

2) 在煤气管道焊缝上和法兰连接处刷肥皂液查找泄漏处，发现问题及时进行修理，修理后重新做打压试验；

3) 煤气泄漏率计算公式：

$$泄漏率 = \left(1 - \frac{试验结束时管道内空气绝对压力}{试验开始时管道内空气绝对压力} \times \frac{试验开始时管道内空气绝对温度}{试验结束时管道内空气绝对温度}\right) \times 100\%$$

管道内空气的绝对压力 = 大气压力 + 压力计读数

管道内空气的绝对温度 = 273℃ + 摄氏温度计读数

2.1.3.4 煤气设备管道动火

有关规定内容包括：

(1) 煤气设备、管道及煤气区域10m以内不准动火。必须动火时应经安全主管部门审查同意后方可动火。

(2) 在煤气设备、管道或煤气区域内动火前，必须详细检查动火部位的安全情况，清除易燃物品，对动火部位易引起煤气泄漏的法兰、阀门杆（芯）管道接缝处等部位，采取预防措施。

(3) 动火前准备灭火黄泥、湿草袋子、石棉布等，必要时准备蒸汽，防火措施不健全时禁止动火。

(4) 尽量不带煤气动火。在使用中的煤气设备、管道上动火时（带煤气动火），应按下列要求进行：

1) 煤气压力保持在1.5kPa以上；

2) 在动火处附近安装压力表，并要派人看守；

3) 只准用电焊，禁止使用气焊；

4) 动火现场只许维修人员和指挥人员入内，无关人员一律禁止靠近。

（5）停煤气（局部或全部）时动火应做到：

1）必须切断煤气来源，如仅利用水封，必须指定专人看守；

2）用闸阀切断煤气来源必须加盲板；

3）动火前用蒸汽把煤气设备、管道内残留煤气吹洗干净，并用爆发试验或仪器化验证明没有煤气后方可动火，必须带着蒸汽进行动火作业（以放散管冒蒸汽为准）；

4）停蒸汽割焊时，必须先用蒸汽吹洗干净，然后清扫管道内的焦油等易燃物，并在距动火点两端各 1.5 ~ 2m 范围内铺上沙子或黄泥。

（6）蒸汽管头应装在煤气管道的上面或侧面，管头上安装旋塞或闸阀。

（7）通蒸汽时用软管将蒸汽管与管道连上，停气后断开或加盲板。

（8）煤气炉生产过程中，需要检修炉门、水套、水阀等设施，必须将煤气烧嘴阀门调至小流量，保持炉膛内有明火状态，然后检测作业点煤气含量小于 30mg/m^3 后方可动火。

2.1.3.5 带煤气抽堵盲板

有关规定内容包括：

（1）必须向分厂有关科室报告，并与操作人员联系。

（2）对空气（氧气）呼吸器做一次详细检查，空气呼吸器压力需在 28MPa 以上，氧气呼吸器压力需在 10MPa 以上。

（3）通知非煤气工作人员撤离煤气工作现场。

（4）煤气闸阀关严，防止煤气泄漏并详细检查。

（5）煤气闸阀附近的电源母线必须停电挂牌。

（6）煤气管道中的压力保持正压，在煤气管道整个隔断过程中必须用蒸汽补充以保证管道中的压力不低于 50Pa。

（7）现场区域 10m 内严禁一切火源。

（8）参加作业的人员一律不准携带火种和吸烟。

（9）不准穿带钉子的鞋在现场工作。

（10）不准用工具敲打管道或其他金属物。

（11）戴空气（氧气）呼吸器进行煤气作业时，按照规定进行操作，不准擅自摘掉面罩及鼻夹等。

（12）加盲板时必须有专人监护，高空作业时必须系好安全带，并对现场的煤气浓度进行检测，确认安全后方可操作。

（13）工作中当空气（氧气）呼吸器发生故障时，快速离开工作区域，若鼻夹掉了应立即屏住呼吸脱离煤气现场。

（14）轮换休息时，作业人员必须到上风向无煤气的地方休息。

2.2 油炉安全

2.2.1 危险机理

油炉一般用工业燃油作燃料，工业燃油的密度为(0.79～0.92)×10^{-3}kg/m^3。燃料油是石油加工过程中在气、煤、柴油之后从原油中分离出来的较重的剩余产物。它广泛用于船舶锅炉燃料、加热炉燃料、冶金炉和其他工业炉燃料。燃料油主要由石油的裂化残渣油和直馏残渣油制成，其特点是黏度大，含非烃化合物、胶质、沥青质多。与空气混合的蒸气爆炸极限下限为1.4%，上限为6%。在工作区域，重油蒸气在空气中的允许极限浓度为0.3mg/L。

燃料油为黑褐色稠状可燃性液体，具有燃烧性能好、发热量大，含水低，灰分少等特点，闪点大于130℃，恩氏黏度(100℃)/OE大于25。如对油炉使用不当或管理不善，就容易发生火灾或爆炸事故。重油蒸气闪点：10号油为65℃，20号油为80℃，40号油为100℃，80号油为110℃。部分燃料油执行的行业标准见表2-4。

表2-4 燃料油执行行业标准（SH/T 0356—1996）

项目	质量指标							
	1号	2号	4号轻	4号	5号轻	5号重	6号	7号
闪点(闭口)/℃	≥38	≥38	≥38	≥55	≥55	≥55	≥60	
闪点(开口)/℃								≥130
水和沉淀物(体积分数)/%	≤0.05	≤0.05	≤0.501	≤0.501	≤1.001	≤1.001	≤2.001	≤3.001
馏程,10%回收温度/℃	≤215							
馏程,90%回收温度/℃	≤288	338～282						

续表 2-4

项 目	质量指标							
	1 号	2 号	4 号轻	4 号	5 号轻	5 号重	6 号	7 号
40℃时运动黏度/$mm^2 \cdot s^{-1}$	1.3 ~ 2.1	1.9 ~ 3.4	1.9 ~ 5.5	5.5 ~ 24.02				
100℃时运动黏度/$mm^2 \cdot s^{-1}$					5 ~ 8.92	9 ~ 14.92	15 ~ 50.02	≤185
10%蒸余物残炭(质量分数)/%	≤0.15	≤0.35						
灰分(质量分数)/%			≤0.05	≤0.10	≤0.15	≤0.15		
硫含量(质量分数)/%	≤0.50	≤0.50						
铜片腐蚀(50℃,3h)/级	≤3	≤3						
密度(20℃)/$kg \cdot m^{-3}$	≤846	≤872	≥8723					
倾点/℃	≤ -18	≤ -6	≤ -6	≤ -6			≤5	

2.2.2 安全措施

安全措施包括：

(1) 必须制定和遵守向烧嘴送空气和重油及停油顺序的规定。

(2) 开始点燃前要往炉内吹风和打开烟道闸门，以排出炉内的爆炸性气体。

(3) 为了避免油在燃烧室内的漏溢和集聚以及发生燃烧的可能性，在点燃烧嘴之前应先通入空气，然后供给重油。

(4) 为安全起见，最好采用电点燃等先进、安全的点火方法。

(5) 重油管道上应设发生事故时能迅速关闭燃料的装置（也称断路器）。

(6) 重油的储存、向炉内的输送、油罐的容积、安放的位置必须遵守消防安全规程有关技术规定。

(7) 重油储罐应放在车间室外，保持必要的防火间距。置于地下的储罐是比较安全的。

(8) 油罐区应划为禁火区。储罐、管道和阀门等燃油设备需要动用明火时，应首先办理审批手续，并采取相应措施。

(9) 消耗油罐应置于不可燃的与车间隔离的房间，与大型储槽用管道连接。小于 $5m^3$ 的消耗油罐可以放在车间内，但与炉子的水平距离不应小于 1.5m。

(10) 油罐的密封性要好，并配置温度计、放油阀、呼吸阀门和阻火器等安全装置。

(11) 要备有发生事故时能迅速排油的装置。

(12) 液体燃料在管道中流动会产生火花导致油蒸气和空气混合气体燃烧和爆炸。为消除静电，排油管道和构架必须接地，而液流对管壁的冲击必须控制到最小。

(13) 重油炉的车间内要时刻准备化学泡沫灭火器和沙箱。

(14) 油炉必须配以有抽风罩的风机，以提高职业卫生防护功能。

2.3 油气爆炸

2.3.1 爆炸机理

在装入熔炼炉的铝料里若含有大量的油污（包括不易燃烧的润滑油等重油类）时，一方面在高温炉膛环境下所产生的油蒸气与空气混合，可形成爆炸性混合气体；另一方面高温可能使油的碳链发生局部裂解反应，产生短碳链的烃类气体与空气混合，致使炉膛内的混合气体的爆炸上、下限加宽。一旦条件具备，就会发生极其猛烈的气体爆炸，给厂房、设备、人员造成很大的伤害。

2.3.2 安全措施

安全措施包括:

(1) 对油污严重的物料进行特殊保管，不可与其他废料混料。

(2) 对油污严重的物料在熔炼前要采用热水清洗、干燥等除油措施。

(3) 对压制成包的废料合成体要按抽样检查制度严把收料关。

(4) 对各类处理边角废料的设备，尤其是处理废料的打包机等要做好维护保养工作，严防设备漏油。发现漏油要及时维修处理，以防止含油物料的产生。

2.4 铝熔体爆炸

2.4.1 爆炸机理

熔炼时，熔炉内的液体温度大都为750℃以上的高温，炉膛温度能达到900~1000℃。在加料过程中，若带入的水、冰雪或潮气与熔融铝相遇时，过热到沸点以上时会立即变成蒸气，体积扩大为原始状态的1603倍，此时极易发生猛烈的水蒸气爆炸，水蒸气爆炸的压力是在0.1ms的时间间隔内完成的（爆炸时间间隔是指爆炸时产生的压力达到峰值后，下降到压力最低点的时间），爆炸的同时，还伴随大量铝液爆喷和溢流的连锁反应，极易造成严重的烫伤、死亡和火灾事故。

2.4.2 安全措施

为了防止铝熔体爆炸，必须采取严格的管理和技术措施，确保铝熔体与水不相遇，重点要做好以下几方面的工作：

（1）防止水进入炉内。装炉前要除掉铝锭及废料上的冰雪，对潮湿的炉壁和物料要采取烘干或晾晒的办法除去水和潮气，防止消防水进入炉内。做好设备冷却水管路的预修和检查工作，防止管路泄漏导致水进入熔炼炉而引起爆炸。

（2）作业台保持干燥。进行高温作业的工作台，特别是铸造台和熔炉周围，必须保持干燥。防止铝液意外外溢而发生爆炸事故。

（3）保证操作工具或盛装铝熔体的容器干燥。工作中使用的工具要专门设置存放区域，以保证工具干燥，对盛装铝熔体的容器一般要在使用前进行烘烤，驱除潮气或水分。

（4）高温废弃物应堆弃在干燥的地方，而不应投入水沟、水槽中。熔炼产生的铝渣应放入能防潮的专门堆放装置内，这样既可防止事故，又有利于回收。

（5）熔炼炉周围地面应向外倾斜，并备有排水系统，保证熔炼炉附近无积水，以防铝熔体遇水爆炸。

2.5　硫酸根爆炸

2.5.1　爆炸机理

用煤气或天然气熔炼铝合金时，需用大量的 NaCl、KCl 作熔剂。这些熔剂在高温时挥发与废气中的 SO_2 反应生成 Na_2SO_4、K_2SO_4，并被煤气带出积聚在烟道内（烟道灰）。烟道灰与过热的铝液相互作用就可能发生爆炸。烟道灰（Na_2SO_4、K_2SO_4）和过热铝液发生的爆炸反应式：

$$3K_2SO_4 + 8Al = 4Al_2O_3 + 3K_2S + 3517kJ$$

$$3Na_2SO_4 + 8Al = 4Al_2O_3 + 3Na_2S + 3253kJ$$

上述爆炸反应发生的条件是：

（1）铝同烟道灰反应最低温度为1100℃；

（2）SO_4^{2-} 含量高于49%，温度为1270℃时，烟道灰与过热铝液作用有发生爆炸的危险；

（3）过热铝液中含 Mg 时，导致爆炸的 SO_4^{2-} 含量和温度都将相应降低，危险更大。

2.5.2　安全措施

安全措施包括：

（1）要严格贯彻执行“从烟道清理出来的烟道灰应及时处理，绝不允许与炉渣混合，以免重熔时发生爆炸”的安全规定。

（2）为防止煤气熔炼炉在熔炼铝及铝合金时发生爆炸，要做到不让过热铝液进入炉子的竖烟道和水平烟道，并定期清理烟道沉积物。

（3）煤气炉支烟道、主烟道和竖烟道清扫间隔期不准超过6个月，竖烟道清扫后开炉生产时，每30天必须从竖烟道中取烟道灰分析硫酸根含量，当硫酸根含量达到10%时，取样间隔期应缩短为10天，并加强对竖烟道的检查，有铝必须清除，硫酸根含量最高不准超过30%。

（4）清烟道时，要在闸门前后、支烟道与主烟道汇合处、主烟道的烟囱底部处，各取一份试样进行硫酸根分析。

（5）煤气炉烟囱 3 ~ 5 年清扫一次，在清扫前必须采取安全措施。

2.6 铸造安全

2.6.1 危险机理

铸造过程中造成伤害的因素存在于各个生产环节中。现从铸造生产的主要方面来分别叙述可能产生伤害的因素：

（1）铝熔体在起重运输过程中，若不严格按操作和保管制度进行，会造成浇包坠落、铝水淌出伤人事故。

（2）倒炉、精炼过程中可能引发烫伤和爆炸事故，铝熔体一旦泄漏遇到可燃物质就容易造成火灾事故。

（3）在氯气精炼过程中，如果发生气体泄漏，就会造成氯气中毒事故。

（4）铝熔体在铸模（结晶器）中铸造或浇铸，若使用的工具不符合要求或操作不当时，容易跑流，特别是遇潮湿或有水时，容易发生爆炸事故。

（5）铝合金（特别是 2A12 与 7A04 合金扁锭）在铸造过程中，经常会出现由于存在冷却水问题、熔体中杂质或气泡问题、铸造速度问题以及铸造完成后铸锭产生很大内应力的问题，在降温时就容易出现铸锭炸裂而造成人员伤害事故。

（6）在铸造前或在日常检修铸造井时，如果炉台防护措施不到位或操作人员注意力不集中，就容易造成高空坠落事故。

（7）铸造过程中由于设备设施安全防护不到位，容易发生机械伤害事故。

（8）铸造结束起吊铸锭时，由于吊钳问题或捆绑方式不对，容易造成铸锭坠落事故。

（9）铸锭堆放区安全管理不到位，容易发生铸锭堆垛倒塌事故。

2.6.2　安全措施

安全措施包括：

（1）吊运铝熔体吊包的起重设备必须符合国家 JB/T 7688.15—1999《冶金起重机技术条件—铸造起重机》规定和要求。

（2）吊包盛装的铝熔体液面与吊包外沿的距离不得小于150mm。

（3）铸造用的工具及铸造炉台要保持干燥。

（4）铸锭堆放区地基要夯实、平整，用于垫放铸锭的木方或铁轨要符合要求，垛与垛之间要留有一定的安全距离。

（5）容易崩裂的合金硬铝与超硬铝扁铸锭，要合理安排该类铸锭储放的安全位置或专门的防爆区，并要有警示牌，防止人员靠近，避免发生伤人事故。

（6）要加强设备设施的定期维护，保证设备完好，避免因设备问题发生事故。

（7）铸造车间要按照国家标准设计，留有自由通行的安全通道，宽度不小于 1.5m。

（8）车间要有良好的通风和照明设施，尽可能利用出入口和门窗进行自然通风，保证良好的生产条件。

（9）铸造使用的工具和铸造场地要保持干燥，防止铝水遇潮湿发生迸溅伤人事故。

（10）保证氯气系统完好，氯气尽量储存在空旷、通风、无人的地方，并悬挂“有毒物品，禁止靠近”的安全警示牌。要教育职工正确使用氯气。

（11）要加强对职工的安全教育，增强安全意识，按章操作。特别是在操作时要按照规定穿戴好必要的防护用品。

2.7　铝熔炼铸造职业健康

2.7.1　职业危害

铝熔炼铸造的职业危害主要有：

（1）高温辐射热。熔炼厂房内一般都是高温炉子多，又紧密相连，每台炉都散发热量，夏天室外气温高，厂房内气温更高，经常超过50℃以上，在操作时，面对赤热的液体，高温辐射强烈，因此，容易发生中暑事故。

（2）毒物。在利用煤气炉进行铝熔化或用 Cl_2 进行精炼的车间内，如果发生气体泄漏或在检修中违规操作，容易造成中毒事故。

（3）烟尘。在铝熔炼的加料、搅拌、扒渣过程中，产生的氧化物 Al_2O_3、SO_2、NO_x、燃烧废气等粉尘从炉门排出，直接面对操作者，对人的呼吸系统会产生很大的影响，如果长期不能引起注意，会造成硅肺病等职业病危害。

2.7.2 安全措施

在铝熔炼生产中，要消除职业危害，应从多方面采取措施：

（1）在个人防护用品方面，操作人员应穿戴好隔热、防烫的工作服、手套、帽子和防护眼镜，以及隔热抗轧的工作鞋。操作人员打开炉门时，要尽量站到炉门的侧面，防止直接面对高温气体。

（2）加强设备维护保养，保证设备始终处于完好状态，防止有毒物质泄漏；加强对职工的安全教育，合理、正确地使用有毒物质。

（3）炉子设计要合理，炉门要能够紧密关闭，防止炉子中的气体进入厂房；在熔炼炉炉门上侧要安装排风管道，使排风机随时能抽走从炉门口排出的烟尘，烟尘要经净化处理后方可放空。如果未安装净化装置，则应由高烟囱放空。同时要在厂房内增设通风系统，保证厂房内新鲜空气流通。

3　铝材加工安全

3.1　轧制安全

生产铝和铝合金板、带、箔材的主要加工方法就是轧制。它是借助旋转轧辊的摩擦力将轧件拽入轧辊间，同时依靠轧辊施加的压力使轧件在轧辊间发生压缩变形的一种压力加工的方法。

轧制过程的四个阶段如图 3-1 所示。

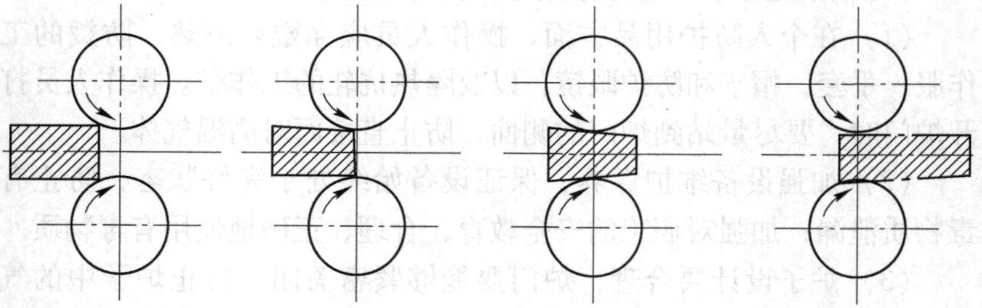

图 3-1　轧制过程的四个阶段

a—咬入；*b*—拽入；*c*—稳定轧制；*d*—轧件抛出

3.1.1　危险机理

全油润滑轧制时，由于使用了大量用于降温润滑的轧制油、作动力用的高压油等易燃物质，容易发生火灾爆炸事故。在板带的轧制过程中，常常由于油压、张力、卷取力和轧制力等参数发生波动而导致断带，极易发生静电积累和打火现象，因而增大了全油润滑轧机的火灾爆炸危险性。同时，轧机的附属油库也是典型的危险源。此外，作业人员稍有疏忽或操作不当，就易发生手或其他接近轧辊的部位沿轧辊旋转方向被卷入轧辊之间的危险，造成人员重伤或死亡等恶性事故。

3.1.2 安全措施

安全措施包括：

（1）轧制工艺油要每年更换一次。

（2）轧制工艺油不能超过安全使用温度，轧机工艺油系统要有温度控制装置，当油温超过轧机规定的最高温（根据轧机不同一般为45～80℃）时，控制系统能够发出警报。

（3）轧机要设有完好、有效的排风系统，防止油雾或油气积聚引发爆炸。

（4）轧机系统要有良好的电气接地和静电导出系统。

（5）轧机电气线路要全部采用穿管的方式，尽量减少接头，要有专人负责对轧机电气系统进行检查。

（6）清理或修理轧制工艺油储存或输送系统及其相关设备时，要使用有色金属工具，严禁使用黑色金属工具。

（7）对油库及其输送系统或相关的设备设施，要制定有效的定期清理制度。

（8）整个轧机系统要配备良好的灭火系统，并按定期检查制度进行检修，以确保系统灵敏好用。

（9）各轧机及其地下油库，要制定完善的防火、检查、值班和责任制度。

（10）禁止在轧机运转状态下进行清理、清扫、检修、维护，清辊必须在停机或“反转”状态下进行。

（11）轧机本体应有紧急停车装置，且该装置能够使处于危险作业的人员能在伤害发生前的瞬间进行操作自救。

（12）轧机的进料部位应设置安全防护挡板，使物料恰好通过，而作业人员的手等即使接触该部位也不能被卷入。

3.2 挤压安全

3.2.1 危险机理

挤压生产过程是一种高温作业，若管理不善容易造成烫伤事故。

另外，挤压机在“闷车”时，容易发生模具损坏崩出伤人和挤压轴折断事故。

3.2.2 安全措施

安全措施包括：

（1）挤压机开动前首先要确认回水阀门已经打开，否则不能开动设备。

（2）开动挤压机时，一定要先开低压阀门后开高压阀门，停车时顺序则相反。

（3）对挤压出的制品应制作专用工具进行承接和控制，防止其颤动打伤或烫伤操作人员。

（4）挤压机开动时，操作人员严禁进入压挤筒和水压机活动横梁间的部位，更不准在开动工作台时将头部伸向前机架或压型嘴处探视制品，以免发生危险。

（5）当“闷车”或挤压时，操作人员不得俯身往导路口内窥看，以免模子压碎或制品崩出伤人，不准在制品压出后俯视制品，以免制品突然翘起伤人。

（6）发生“闷车”后，要及时停车进行处理，不可蛮干，以防止事故发生。

（7）换水压机挤压筒、挤压轴和其他主要工具前，必须把低压罐中的压缩空气放掉。

（8）在对刚挤压出的制品进行质量检查时，防护用品要佩戴齐全，并按章作业。

（9）压挤残料要及时装入废料箱内，不得随地堆放，以免烫伤人。

（10）停机前一定要把低压罐内的压缩空气全部放出。

3.3 锻压安全

锻压是对塑性材料施加冲击力或静压力，使其在固态范围内分子发生流动，从而获得具有一定形状、尺寸、内部组织和良好力学性能制件的压力加工方法。锻压可分自由锻压、胎模锻压和模型锻压三种。尽管锻压方法还比较落后，机械化和自动化程度不高，手工操作比较多，劳动强度也比较大，但由于其具有的优点和其他方法所无法替代的原因，目前在我国的铝加工生产中仍普遍采用锻压方法。

3.3.1 危险机理

危机机理简要介绍以下几点：

（1）炽热的锻坯、锻件和加热炉的热辐射容易灼伤工人，并使车间温度升高。特别是在炎热的夏季，操作人员容易因出汗过多而发生虚脱和中暑。

（2）由于锻锤与工件接触应力大，所以在锻压时车间的振动很大，噪声也大，工人经常在高分贝的噪声中工作，容易引起疲劳和耳聋。

（3）锻压过程中可能发生模具的突然破裂和工件、工具、料头飞出，造成人身击伤和烧伤等事故。

（4）劳动强度大，体力劳动多，导致工人疲劳。

（5）锻件形状中常常有圆形、棒形等难以堆放的形状，如果堆放过高，管理不当，容易发生锻件滚落，造成伤害。

（6）老式的锻压机大多以水压作为动力，高压水的压力一般都在30MPa左右，如果密封不严或其他故障导致高压水泄漏，会造成人身或设备事故。

（7）为了防止锻件与锻坯粘连，保证锻件表面质量，锻压过程中往往要在模具上涂一层含有石墨的润滑油。在高温下，润滑油燃烧产生大量的烟气，对操作人员的呼吸系统会造成严重的影响。

3.3.2 安全措施

安全措施包括：

（1）现场各通道应保持畅通无阻，毛坯、锻件、工具都应放在特定地方。

（2）严禁操作人员直接用手清除砧上的氧化铁皮或触摸锻件，防止刮伤和烫伤。

（3）搬运锻件要遵守操作规程，控制单人搬运的锻件重量，严防由于操作不当或配合不默契而导致扭伤和砸伤事故的发生。

（4）润滑冲模及毛料时，必须使用长把油刷，把的长度不得小于0.5m，脸部要尽量远离模子和毛料。

（5）工作中不许任何人到活动横梁下部探视冲模及半成品，需要检查时必须将工作台移出。

（6）用起吊棒起吊模具时，一定要将起吊棒插到位，并在吊运过程中不能离地面太高。

（7）进行锻压操作时，操作人员要站在安全位置，防止热润滑油或锻件飞出伤人。

（8）工作结束后要将操作手柄归到零位。

3.3.3 高压水泵站的危险及其预防

高压水泵站是为水压机提供动力的场所，水压往往在30MPa以上，如果安全阀、压力表、水位控制装置等失灵或水压机、压力罐、压力管道等出现故障，就会发生爆炸、零部件变形或水高速射出伤人等事故。

应采取以下预防措施：

（1）要设有防止系统超压的自动控制装置和报警装置，并确保其灵敏好用。

（2）要设有高、低水位控制装置，防止空气进入高压水管道和超压等事故的发生。

（3）对水位控制系统及超压报警装置，要制定专门的检查测试和维护保养制度。

（4）对高压管道，特别是连接部位及应力集中部位，要经常检查有无变形或其他异常现象发生。

（5）检修高压系统时，对更换的零部件必须先确认其材质，确认质量合格后，方可进行更换。

4 热处理和表面处理安全

热处理是通过加热、保温和冷却三个阶段，使铝及铝合金零件获得优良的力学性能、工艺性能、物理性能和化学性能，满足加工和使用要求的一种工艺方法。热处理可分为普通热处理、表面热处理和形变热处理三种基本类型。

4.1 酸、碱洗安全

4.1.1 主要危害因素

酸、碱，特别是强酸、强碱会对人体造成化学灼伤。硫酸腐蚀皮肤，轻者局部发红，中等者烧成水泡。发烟硫酸的蒸气会引起呼吸道刺激症状，严重者发生喉头水肿、支气管炎、肺炎甚至水肿。盐酸会对皮肤产生烧伤，且痊愈较慢。氢氧化钠烧伤皮肤后，皮肤变白、刺痛、周围红肿、起水泡，严重者可引起糜烂。

4.1.2 安全措施

安全措施包括：

（1）对酸、碱要严加保管、密闭封存，严格遵守相应的保管、使用制度。

（2）在搬运酸、碱时，一定要做到轻拿、缓倒，采取相应的防护措施，防止酸、碱溅出伤人。

（3）接触酸、碱的作业人员必须穿专用的工作服、胶鞋，戴橡胶手套和护目眼镜等防护用品。

（4）工作场所应有充足的冲洗水和应急使用的稀醋酸等溶液。

4.2 盐浴炉安全

4.2.1 危害机理

盐浴炉主要用于对铝材进行淬火或高温回火。而在该工艺过程中常常会发生爆炸危险，主要表现在盐浴遇水后，水在高温状态下会被迅速汽化，容积急剧增大，压力骤然上升产生物理爆炸，造成烧伤或烫伤。同时硝盐是强氧化剂，有助燃作用，盐浴中带进可燃的有机物（生物有机物、有机化合物、活性炭等）后，会引起强烈的化学爆炸。资料表明，硝盐温度超过600℃时发生分解，其分解产物与钢铁反应而产生爆炸，而铝的还原性比钢铁强，所以高温熔融的硝盐与铝反应的爆炸危险性更大。另外，盐浴炉开炉时，炉底和侧面的盐首先熔化，而顶部表面仍结有固体盐壳，随着温度升高，内部液体不断膨胀，产生很大压力，最后冲击表壳产生物理爆炸。

4.2.2 安全措施

安全措施包括：

（1）保证盐浴炉房顶完好，不漏雨水。

（2）补充的新盐或要入炉的工件、夹具等必须充分烘干。

（3）盐浴炉启动时，应将表面的固体壳打碎，使熔盐与大气相通。

（4）硝盐温度不得超过550℃，要设有双重自动控温、报警的保护装置。

（5）严禁将棉织物、木炭、油脂和石墨带入硝盐中。

（6）硝盐必须保存在金属容器中，严禁用木箱、布袋包装。

（7）硝盐炉发生火灾时，应使用干砂扑火，切不可使用泡沫灭火。

（8）严禁用硝盐炉处理镁质量分数大于10%的铝合金。

（9）在进行盐浴热处理时，要打开硝盐炉的抽风装置，保持车间空气清新。

（10）工作场地不许吸烟、进食，操作人员应穿戴好劳动防护用品。

4.3 电阻炉安全

4.3.1 危险机理

危险机理简要介绍以下几点：

（1）容易发生触电或电弧烧伤，即电击和电伤。电击经常会导致死亡。电伤害包括皮肤烧伤、眼睛的电弧灼伤等。产生触电伤害的根源是导线破断、裸线，以及设备的金属带电部分接触和短路等。在拆换保险时，偶然短路，也会造成灼伤。

（2）职工接触高温零件，容易发生烫伤事故。

（3）如果高温电炉周围存放可燃、易燃物质，就容易引发火灾。

（4）如果加热零件摆放不好，就容易发生倒塌、跌落伤人事故。

4.3.2 安全措施

安全措施包括：

（1）为防止热处理人员在操作电炉时触电，当进出料开启炉门时，电源应有自动切断的连锁功能。

（2）对电热设备的高压带电部分应尽可能隔离和屏蔽，设备不带电的金属部分还要做好接地或接零保护。

（3）变压器和电路都应设继电器保护。

（4）设备的控制仪表和操作台离工作位置愈近愈好。

（5）热工仪表、电表应装在独立的控制柜上。当电力装置和热工仪表都在一个电控柜时，接触器应分别安装在相互分隔的两块配电盘上。

（6）所有电炉都应设温度自动调节器。

（7）导电部分应有良好的绝缘。应经常监控电炉设备的接地和电缆绝缘，发现异常现象应及时处理。

（8）必要时采用 12 ~ 36V 的低压操作，或用绝缘棒、绝缘钳、橡皮垫等手段防止触电。

（9）固定式和移动式照明降压变压器外壳必须接地，移动式照明降压变压器（12 ~ 36V）要用软电缆连接，绝不容许使用普通电线连接。

（10）装炉时要将工件排列整齐或用料筐、料架、料箱装好，不得任意将加工件装入炉内，以免工件损坏炉衬、炉底板或与炉子电阻丝接触。

4.4　感应炉安全

4.4.1　危险机理

从生产安全和职业卫生角度，进行感应加热处理时，各种频率的强电流和电磁辐射对人体会造成一定伤害。若对电气设施管理不善，也容易发生电伤害。

4.4.2　安全措施

安全措施包括：

（1）中频发电机应安装在隔离的生产场地，如直接装在车间和生产流水线上时要使用特制防护罩。

（2）车间内的电容器组应设置在封闭上锁的金属柜中，如放置在单独场所时，允许用丝网隔离，设网门并上锁。变压器应置于淬火间内或其带电部分用外壳封闭。变压器次级线圈和感应器若不屏蔽，则感应器的一个接头必须接地。如果工艺允许，感应器和淬火器应放在专用空间内。

（3）电子管式高频电源应有机械和电气连锁，以及避免和带电部分接触的栏杆。

（4）高频电源的阳极回路上的交流和直流高压最危险，因此除感应器外的其他带电部分都必须封闭，而高压部分必须闭锁。

（5）电子管式电源外壳必须接地，接地电缆要接在设备或淬火机的基座上。采取墙壁和天花板的金属板和网的屏蔽，防止对无线电广播的干扰。

（6）从事感应加热作业的人员，应穿戴好合格的防护用品，经培训合格后才可作业。

5 铝粉生产安全与卫生

5.1 职业危害特性和危险机理

5.1.1 职业危害特性

长期吸入铝粉可导致尘肺。表现为消瘦、极易疲劳、呼吸困难、咳嗽、咳痰等。铝粉落入眼内可发生局部性坏死，角膜色素沉着，晶体膜改变及玻璃体混浊。对鼻、口黏膜有刺激性，甚至发生溃疡，可引起痤疮、湿疹和皮炎等疾病。

5.1.2 危险机理

在铝粉的制作过程中，将铝制成粉后，大量铝粉遇潮湿、水蒸气时，由于铝粒的比表面积增大，有的表面还没有形成氧化膜，就会发生反应并会产生自燃现象。铝粉与氧化剂混合能形成爆炸性混合物，与氟、氯等接触会发生剧烈化学反应，与酸类或与强碱接触能产生氢气，引起燃烧爆炸。铝粉与空气可形成爆炸性混合物，当铝粉在空气中的浓度为 37 ~ $50mg/m^3$ 时遇火星会发生爆炸。其部分反应方程式为：

$$2Al + 6H_2O = 2Al(OH)_3 + H_2$$

$$4Al + 3O_2 = 2Al_2O_3 + 3340kJ$$

铝粉的最小点火能为 15mJ，燃烧热为 822.9kJ，熔点为 660℃。当铝粉与氧遇有明火时，所发生的反应极为迅速，可在几微秒内完成。产生的热能使周围的空气温度与压力急剧上升，发生爆炸，形成冲击波，可直接造成厂房、设备破坏与人员伤亡事故。

5.2 安全措施

5.2.1 铝粉尘的职业危害预防

预防措施包括：

（1）改革生产过程。充分利用现代工业技术，改革生产设备和工艺操作方法，从根本上防止和减少铝粉尘的危害。

（2）搞好生产设备的密闭和隔离。

（3）采用通风和净化措施控制粉尘。

（4）个人防护。个人防护用具主要包括防护服、口罩等，个别地点也可以采用送风头盔等。防止粉尘通过呼吸道和皮肤侵入人体。

（5）建立严格的组织管理制度。建立一套防尘设施的维修、更新、管理和操作制度，使各类防尘设备、设施经常保持良好的运行状态，发挥其应有的效能。对粉尘岗位要定期进行浓度测定，对粉尘岗位人员定期进行身体健康检查等。进一步改善防尘工作，对职业病做到早发现、早诊断、早治疗。

5.2.2 粉尘爆炸预防

为了防止粉尘爆炸，首先必须防止粉尘云的产生，排除点火源，添加惰性物质。但是难以防止工程装置内部的粉尘云产生。另外，从经济和质量要求来看，也很难在全程操作过程中使粉尘处于惰性物质的保护中。还要预防因一次灾害引起更大的二次爆炸。为预防铝粉尘爆炸，应做好以下几项预防工作。

5.2.2.1 控制粉尘飞扬

控制措施包括：

（1）在装卸粉尘的作业中，应尽量使用最大限度地减少粉尘飞扬的专用工具，并配以局部排风装置，以便及时排走飞扬出来的粉尘。

（2）工艺上做到防止产生不需要的过细粉尘，若有可能应尽量采用湿法加工。

（3）粉尘混料作业要在密闭容器中进行。

(4) 粉碎作业区的工作人员，应在远离危险机械装置的地方进行操作，实现危险区无人化，人员在隔离室内进行操作。

5.2.2.2　作业场所条件

场所条件包括：

(1) 加工、包装、转运及储存铝粉的工房和库房宜为不带地下室的单层建筑，应采用钢筋混凝土柱、梁的框架结构。

(2) 地面构造应以具有保护性能的被覆材料制作，表面要平，容易用水冲洗而不泄漏，并避免有槽或其他线路。

(3) 加工厂房内墙表面宜采用平整不容易积尘和容易清扫的结构，且不应向上拼接。非整料构筑的墙体，墙面应用沙浆抹平，不得留有孔隙。

(4) 屋顶宜采用“轻型”或“抗爆”结构，顶棚应平整，涂抹光滑，梁与柱子应覆盖起来，以防止堆积粉尘。

(5) 房内门窗框架应采用金属材料制作，与墙壁位于同一平面，不应有突出的地方，且不设窗帘及窗帘架。

(6) 一旦工房内发生爆炸，窗户应能自动开启，窗扇应在窗框顶部铰接，向外开启。

(7) 管道要涂敷光滑、不可燃材料，最好埋入墙内，尽可能减少露出部分。

(8) 室内装饰要求表面平滑，且只能使用含铝量很少的涂料。

(9) 铝粉主加工车间，可根据需要分隔成若干小单元。隔墙易采用耐侧压、不承重的非燃性材料构筑。每间厂房至少应有两个宽敞并彼此相隔一定距离的出口，厂房内工作地点到出口或楼梯的距离，单层不应超过30m，双层不应超过25m。高架平台的通道应便于上下，危险时便于撤离。

(10) 应尽量限制室内的机械装置和设备台数，并采取在相邻的房间内启动设备的方法。为防止粉尘直接进入机械内，应设置机械外罩，外罩的倾角要求保持在60°以上。

5.2.2.3　设备要求

设备要求包括：

(1) 铝粉加工的所有电气设备应有相应等级的防爆性能，轴承应有防尘密封，内外便于清扫，无粉尘积累的空隙，无粉尘泄漏。

（2）每台设备及管道均应设置良好的接地装置，避免静电积累。

（3）设备应有过载保护、联锁控制装置和故障紧急控制装置。对本身存在爆炸危险的设备，应采取防爆措施。

（4）在制粉设备的进料口，应设适当的格筛、磁性或气动分离器等装置，避免混入原料中的铁块等异物进入制粉设备。

5.2.2.4 加工操作要求

加工操作要求包括：

（1）铝粉加工房内的粉尘浓度应控制在 $4mg/m^3$ 以下。

（2）干磨时，球磨机系统内应充氮气或其他保护气体进行保护，使设备启动时保护气体的含氧量为2%～5%。经过一段时间进入正常运转后，对保护气体中的含氧量进行调整，生产铝粉时含氧量调整为2%～8%；生产铝合金粉时含氧量调整为2%～6%。当多次调整仍不能达到此数值时，应立即停车处理。

（3）球磨机出口气体和粉尘混合物温度：磨制铝粉不得超过80℃。球磨机系统鼓风机运转时，入口的表压应保持200～1500Pa，当多次调整仍不能达到此数值时，应立即停车处理。

（4）启动铝粉制粉设备前，应通知各有关岗位人员。正常运转后，每30～60min应检查一次运转情况。当各测点温度、压力或气体成分不符合规定时，应及时调整。如调整无效，应立即停车处理。

（5）球磨机和铝合金粉筛分机在启动或停车时，球磨间、筛分间不准有人，在运转过程中，应关闭防爆门。当球磨机系统使用选粉机时，应检查选粉机的转子同外壳有无摩擦及异常现象。

（6）启动设备的顺序应为选粉机、鼓风机、油泵、球磨机、给料机；停车顺序则相反。

（7）球磨机、鼓风机密封填料温度为磨制铝粉不超过75℃。

（8）更换密封填料前，应停止设备运转。待系统温度降至30℃以下或室温时，再更换填料。更换填料时应备好锭子油和机油，取下的填料应立即浸入油中，当处理球磨机系统堵料等工作需打开球磨机系统时，应使球磨机系统冷却到30℃以下或室温时方准进行，处理堵料时应防止粉尘飞扬，且应使用防爆工具。

（9）铝粉湿磨时，应遵守下列规定：

1）在不与金属发生化学反应的液体中磨制铝粉时，磨制设备应满足以下条件：采取泄爆措施的设备内充满空气，采取惰化措施的设备内含有足以氧化任何新生铝表面的氧气；

2）在不与金属发生化学反应的液体中制膏或对铝粉进行其他处理时，相应设备应满足以下条件：在充满空气的设备中处理铝粉，在足以氧化任何新生铝表面的惰化气氛中处理铝粉；

3）球磨机轴承应使用集电器电刷透过润滑油油膜接地。溶剂处理场所应具有良好通风（自然通风或人工通风）。溶剂泵或膏剂浆泵应当安装能自动停泵的装置，确保泵干磨时能够及时自动停机。

（10）粒化加工应遵守严禁将潮湿的铝锭加入熔炉和坩埚的规定。加工过程中，熔炉或坩埚周围不得有火焰冒出。粒化前，应检查风压、检查粒化室，确认安全后，再吹净扩散板上的铝粉尘，开动粒化室的风机，然后进行粒化。粒化室内不允许产生正压。发现火花喷出时，应立即停止粒化。

5.2.2.5 储运要求

储运要求包括：

（1）场内运输铝粉的容器应采用不产生火花的金属材料制作。所有轮式容器、手推车和自动装卸车均应静电接地。

（2）输送管道应使用不易产生火花的有色金属或不锈钢材料制造，应保证输送管道整体具有良好的导电性和良好接地。输送管道应设通往建筑物外的泄爆口，并应按 GB/T 15655 进行设计。

（3）在管道破裂可能对其他设备和人员造成损害，而无法通过泄爆口完全泄压的区域，管道设计承受的瞬时内压不低于 690kPa（表压）。在管道破裂不会对其他设备或人员造成损害的区域，可使用承受内压较低的管道作为辅助泄爆口。在露天或潮湿环境中设置的输送管道应严格密封。

（4）用空气作为输送气体时，运输系统内铝粉浓度应低于其爆炸浓度下限值的50%。当被输送的铝粉浓度接近或达到爆炸浓度下限值时，应采用惰化气体输送。在保证惰化效果的前提下，惰性气体中应含有适量的氧化剂，应连续监测惰化气流中的氧含量。当氧含量不在规定范围内时，监测系统应发出报警声响。

(5) 输送气体的流速为铝粉不低于23m/s。若输送气体来自相对较暖的环境，而管道和收集器内的温度又相对较低时，应对管道和收集器采取加热措施，避免因输送气体的温度低于露点而发生冷凝。

(6) 用液体收集粉料（如喷雾塔）时，所用任何液体的闪点不能低于37.8℃。液体与铝粉不发生反应。遗留在产品上的液体应满足后续生产工艺过程的要求。

(7) 向运输管道提供载粉气体（空气或惰性气体）的风机叶片和机壳应采用导电、不产生火花的金属（如青铜、不锈钢或铝）制作。运输的粉料在进入最终集料装置前，不应通过风机。风机启动或停止时，人员不得进入离风机15m以内的范围，停止运转前不应进行维护工作。必要时（如测压力），只有具备相关的知识和相应资格的操作者在技术人员的指导下才能接近正在运行的风机。在操作者接近风机前应停止供应粉料（输送管道内只有载粉气体）。风机应置于铝粉加工厂房之外。风机应采用滚动轴承。轴承应有温度显示装置和超温音响报警器。风机应与加工机械实行电气连锁，在风机停止运转时，加工机械也能及时停止运转。

(8) 加工好的铝粉应装入无水分、无油、无杂质的金属桶或其他密闭式的容器内并密封良好地存放于干燥地方。装有铝粉的桶或容器应置于距门窗、采暖热源1m以外，每两排桶间留有不小于0.5m的通道。严禁堵塞安全门和消防器材通道。为避免产品局部发热产生自燃，应经常检查（如用手触摸进行检查）。发现温度升高，应迅速将产品转移到安全地点继续观察，直至安全冷却为止。

5.2.2.6 集尘装置要求

集尘装置要求包括：

(1) 产生铝粉尘的地点设通风除尘设施，应采用粉尘防爆型风机并将风机置于净化装置之后。除尘器应符合下列规定：干式除尘器周围设防护屏或栅栏，应采用不宜产生火花的有色金属或不锈钢制造；过滤式除尘器滤料应为导静电材料，整个除尘系统应保持良好的电接地；旋风除尘器或其他干式除尘器应安装内部温度显示仪表，并配备超温报警装置，其报警温度的设定值应低于粉尘云或粉尘层的最低着火温度，显示仪表应安装在易于观察的位置。

（2）操作人员应在停机和切断动力的情况下进行定期清扫。每周不少于一次。设备可用带水抹布擦拭，地面可用刷子和潮湿的锯末清扫，清扫后应对设备彻底检查一次。除尘器的集尘应每班清理。加工和运输过程中泄漏出的落地粉、油粉、油膏等应立即用不产生火花的导电铲子及软扫帚或天然纤维硬毛刷子清理，并收集在专用金属容器内，放在指定的地点妥善管理。然后再用真空吸尘器将剩余的粉尘吸净，禁止用压缩空气吹扫。在人员不能进入和无法使用真空吸尘器的区域，必须严格禁止可燃物进入或接近该区域。在同时停止设备运转的情况下，才允许用压缩空气吹扫。真空吸尘系统的连接和接地应良好、有效，使静电积聚降到最少，其电机应为粉尘防爆型，软管、吸尘嘴和接头应采用导电、不产生火花的材料制造。收集的粉尘应卸入厂房外的专用容器内。

5.2.2.7　电气设备要求

电气设备要求包括：

（1）电气设备应依据 GB 12476.1 的规定选用尘密型（DT）防爆电气设备，处理设备故障时的照明电压应为 12V。

（2）铝粉爆炸危险场所的高低压配线应采用铜芯的电缆。

（3）生产厂房应设置应急照明系统，该系统应为通向安全门的通道提供不低于 10lx 亮度的照明。当生产厂房照明系统出现故障时，应急照明系统应立即自动运行。在允许使用闪光灯和蓄电池灯的场所，可用其作为照明灯具。

（4）工（库）房应采取防雷措施。在粉尘爆炸危险场所的电气设计、操作，除应遵守这些规定外，还应遵守 GB 50050 规定的相应条款。

5.2.2.8　检修要求

检修要求包括：

（1）铝粉加工企业应根据本企业设备运行状况，规定设备定检周期、停修时间和维修标准，并严格执行。

（2）检修设备的施工单位应制定安全措施。如需使用汽油、煤油、柴油等，应制定专项安全措施，经主管部门和安全部门审定，主管负责人和安全负责人批准，由施工负责人执行。

（3）检修用的材料、填料、润滑油等应符合有关部门规定。如用新材料或其他型号、品号的材料作为代用品，应经试验或经主管负责人审批。

（4）检修时除拆卸指定检修的设备、指定检修的部位外，不得触动未经安全处理的其他设备。

（5）检修设备施工单位，必须制定施工网络图，严格按程序安排作业，不得在一个工房内或一个系统内同时进行多部位检修。

5.2.2.9 灭火与事故应急处理

应急处理包括：

（1）火灾初起时应首先用干沙、惰性干颗粒（粉末）构成隔离带，将火源围隔起来。

（2）撒播灭火剂时应特别小心，避免因扰动铝粉末而形成粉尘云。用不产生火花的金属锹或铲撒播干性灭火剂。同时关闭风机和门窗，减少空气流通。干性灭火剂应保持清洁干燥，并与撒播工具放在同一个易于使用的地点。不准使用水、泡沫或二氧化碳灭火器灭火。若使用粉末溶浆灭火应遵守下列规定：稀浆状铝粉发生火灾时，应按消防系统有关规定灭火，不允许用卤化物灭火剂。半湿性物质或过滤块状物发生火灾时，应使用干性灭火剂。

（3）用二氧化碳扑灭铝溶浆火灾时，残留物应立即用干沙或其他干性灭火剂覆盖，确认残留物和覆盖物的温度均降到环境温度后方可进行处理。还可采用有盖容器进行小份额分批处理。只有在其他灭火方式失败而火灾继续扩大时，才可用水扑灭铝粉溶浆火灾。采用喷雾或低速喷水的灭火方式，避免形成粉尘云，应持续供水，直至火灾被完全扑灭为止。灭火后，应立即清除场地中的湿粉、糊、稀浆。清除过程中应进行通风，避免铝粉遇水反应生成的氢气积聚。应在远离生产厂房的安全区设置储污装置。

（4）若人身上着火时不能奔跑，应立即脱掉或撕掉衣服，无法撕掉衣服时可用湿棉被（呢布）灭火。同时应防止火花落入周围的产品中。

（5）企业应制定铝粉爆炸事故抢救方案，并报主管部门批准。应在当地消防部门的密切配合和指导下组建兼职消防组织，并定期对全体职工进行避灾及抢救演习。参加事故抢救的专、兼职人员，均应接受事故抢救最高指挥员的统一指挥。事故现场必须做好治安保卫工作，维护好现场秩序。

6　铝材生产其他安全

6.1　起重机械吊运安全

铝加工过程中，起重吊运是一道不可或缺的工序。它的主要作用是完成物料的位移，这不仅可以减轻体力劳动，还将极大地提高劳动生产率。

6.1.1　危险机理

起重机械属于特种设备，如果发生事故，就会造成很大的损失。造成事故的原因一般可分为操作原因和设备原因两种。

（1）操作原因，包括：

1）起吊方式不当，造成脱钩或起重物摆动。

2）违反“十不吊”安全操作规程。

3）指挥不当，动作不协调。

（2）设备原因，包括：

1）吊具失效，如吊钩、吊钳、抓斗、钢丝绳、料筐等物损坏而造成重物坠落事故。

2）起重设备的操作系统失灵或安全装置失效，如制动装置失灵造成重物的撞击和夹挤事故；限位失灵导致钩头上天，重物坠落事故；电气系统保护装置失灵导致触电事故；安全防护装置失效导致高空坠落或机械伤害事故等。

3）起重设备车体变形，引起啃轨、三条腿现象、挠度下沉等。

6.1.2　安全措施

6.1.2.1　设备管理要求

具体要求有以下几点：

（1）要根据生产工艺要求、生产场所、额定载荷等选择合适的起重设备，如冶金、轧制、热处理等专用起重设备。

(2) 为保证吊车正常运行，每两年必须做一次静负荷试验，允许超负荷10%。

(3) 要落实责任，按照“四检制”要求对起重设备进行定期检查，发现隐患要及时整改，严禁设备带病工作。

6.1.2.2 设备本体要求

A 吊钩

具体要求有以下几点：

(1) 吊钩有裂纹及残余变形时，应报废、更新。

(2) 锻造吊钩挂吊部分局部的危险断面磨损超过原尺寸的10%或钩口张开度变形增加15%时，应报废、更新。

(3) 扭转变形超过10°时，应报废、更新。

(4) 板钩衬套磨损达原尺寸的50%时，应报废衬套。

(5) 板钩心轴磨损达原尺寸的5%时，应报废心轴。

(6) 对吊钩上的缺陷不得焊补。

(7) 每半年至少解体、清洗、检查一次吊钩螺母、吊钩钩柄的螺纹连接，当有锈蚀并起皮、危险断面或颈部产生塑性变形时，应报废、更新。

B 抓斗

具体要求有以下几点：

(1) 发现抓斗刃口有裂纹、较大变形和严重磨损时，要进行修理或更新。

(2) 抓斗闭合时，两水平刃口和垂直刃口的错位差及斗口接触处的间隙不得大于3mm。

(3) 张开后斗口不平行差不得超过20mm。

(4) 斗口中心线与抓斗垂直中心线都应在同一垂直面内，其偏差不得超过20mm。

(5) 抓斗销轴磨损超过原直径的10%、衬套磨损超过原厚度的20%，则应更新。

C 滑轮组

具体要求有以下几点：

（1）滑轮由于使用不当而碰碎掉块或轮缘破裂时，应报废。当滑轮底部直径磨损量达到钢丝绳直径的 25% 或轮槽不均匀磨损超过 3mm 时，应报废、更新。

（2）轮槽壁厚磨损达到原壁厚的 20% 以及出现其他能损害钢丝绳的缺陷时，应报废、更新。

（3）滑轮轴有裂纹及磨损达到公称直径的 3% ~5% 时，要立即报废、更新。

D　车轮

具体要求有以下几点：

（1）车轮出现裂纹时，应报废、更新。

（2）轮缘厚度磨损达到原厚度的 50% 时，应报废、更新。

（3）轮缘厚度弯曲变形达到原厚度的 20% 时，应报废、更新。

（4）踏面厚度磨损达到原厚度的 15% 时，应报废、更新。

（5）当运行速度低于 50m/min，椭圆度达 1mm 及运行速度高于 50m/min，椭圆度达 0.5mm 时，应报废、更新。

（6）成对主动轮轮径差超过 0.0005D（D 为主动轮直径）时，应报废、更新。

（7）车轮滚动面须平整，凸凹度不得超过 2mm，表面硬度在 HB300 ~450、HRC33 ~47 范围内，当超过范围时，应报废、更新。

E　联轴节

磨损或损坏达到下列情况之一时，即应报废、更新：

（1）对起重机构齿轮联轴节齿厚度磨损达到原齿厚的 10%，对其他机构的齿轮联轴节的齿厚磨损达到 20% 或在机构反向时，撞击太大，则应报废、更新。

（2）联轴节出现裂纹、断齿时，应报废、更新。

（3）螺栓孔磨损或滚键，除起升机构和非平衡变幅机构外，允许错开适当角度重新加工螺孔或键槽。

（4）万向联轴器“十字”架上的轴套磨损大于原孔径的 5%，花键的磨损量达到原齿厚的 15% 或反向冲击过大时，即应报废、更新。

F　卷筒组

具体要求有以下几点：

（1）绳槽磨损至槽已经不能起到引导钢丝绳整齐排列的作用时，应报废卷筒。

（2）筒壁磨损达到原厚度的20%及出现裂纹时，应报废、更新。

（3）每次大中修时应检查卷筒、卷筒轴和内齿盘的磨损情况，磨损程度达到报废标准时，应报废、更新。

（4）对于四绳抓斗的卷筒，当提升卷筒更换时，则开闭卷筒也必须更换，但允许只报废开闭卷筒。

G　传动轴

轴的弯曲度不得超过轴长的1/2000，超过时应矫直或报废、更新。

H　滚动轴承

轴的内外圈（滚动道、滚珠柱）表面产生磨损条纹、剥落小坑、裂纹或轴承径向间隙增大到0.2mm时，应报废、更新。

I　制动器

具体要求有以下几点：

（1）制动器的零件出现裂纹时，应报废、更新。

（2）制动带、摩擦垫片厚度磨损达到原厚度的50%时，应报废、更新。

（3）弹簧出现塑性变形时，应报废、更新。

（4）小轴或轴孔直径磨损达到原厚度的5%时，应报废、更新。

J　制动轮

具体要求有以下几点：

（1）起升、变幅机构的制动轮轮缘厚度磨损达到原厚度的40%，裂纹或凸凹不平度达到1.5mm，表面硬度低于HRC45～55，距离表面2～3mm深处硬度小于HRC40时，应报废、更新。

（2）除起升和变幅机构外，其他制动轮因使用不当造成键槽扩宽了的（不包括滚键），允许在原键槽位置错开120°再插键槽一次，继续使用。但安装后制动轮的径向跳动不得超过表6-1中的规定。

表 6-1　制动轮跳动标准

制动轮直径/mm	径向跳动/mm	端面跳动/mm
50 ~ 120	≤0.08	≤0.15
120 ~ 250	≤0.1	≤0.2
250 ~ 500	≤0.12	≤0.25
500 ~ 800	≤0.15	≤0.3

K　减速机

具体要求有以下几点：

（1）每年定期检查减速机的齿轮磨损情况。起升机构、变幅机构齿轮磨损达到原齿厚的8% ~11%，其他机构中的齿轮磨损达到原齿厚的15% ~25%时，应报废、更新。

（2）齿轮出现裂纹、断齿时，应报废、更新。

（3）齿面点蚀达到咬合面的30%且深度达到原齿厚的10%时，应报废齿轮。

（4）吊运炽热金属或易燃、易爆等危险品的起升机构、变幅机构，其传动齿轮的磨损程度达到（1）、（3）项中数值的50%时，应报废、更新。

L　钢丝绳

具体要求有以下几点：

（1）起重机械用钢丝绳，必须有产品检验合格证。

（2）机构用钢丝绳安全系数不得小于5，吊挂和捆绑用钢丝绳安全系数不得小于6。

钢丝绳承担负荷后，实际受力情况十分复杂，不仅受到弯曲力、拉伸力、摩擦力的作用，还会突然受到巨大的冲击力的作用。在计算和选择钢丝绳时，必须考虑弥补材料的不均匀、外力估计和确定的不准确、操作中的各种不利因素以及意外产生的情况。因而要给钢丝绳一个储备的力，这个储备的力就是我们所说的安全系数（见表6-2）。

$$K = P/F$$

式中 K——安全系数；

P——钢丝绳破断拉力，kN，钢丝绳出厂时由试验确定；

F——钢丝绳许用拉力，kN。

表 6-2　钢丝绳安全系数

手传动桅杆式起重机	机械传动自行式起重机及其他类型的起重机和卷扬机			各种用途的钢丝绳			
	轻型	中型	重型	运输热金属及其他危险物品	捆绑设备	缆风绳	绳扣吊挂和捆绑用
4.5	5	5.5	6	7～9	6	3.5	6

注：载人时要求安全系数 K 不小于 10。

（3）钢丝绳在卷筒上应能按顺序整齐排列。

（4）起升机构和变幅机构不得使用编结接长的钢丝绳。

（5）当吊钩处于工作位置最低点时，钢丝绳在卷筒上的缠绕，除固定绳尾的圈数外，必须不少于 2 圈。

（6）吊运熔化或炽热金属的钢丝绳，应采用石棉芯等耐高温的钢丝绳。

（7）钢丝绳端部固定连接的安全要求：

1）用绳卡连接时，绳卡压板应在钢丝绳长头一边。绳卡间距应不小于 6～8 倍的钢丝绳直径，钢丝绳末端距第一个绳卡至少要保持 140～160mm 的距离，绳卡数量要求见表 6-3。同时应保证连接强度不得小于钢丝绳破断拉力的 85%。

表 6-3　绳卡连接时的安全要求

钢丝绳直径/mm	7～16	19～27	28～37	38～45
绳卡数量/个	3	4	5	6

2）用编结连接时，编结长度不应小于钢丝绳直径的 15 倍，并且不得小于 300mm 长，连接强度不得小于钢丝绳破断拉力的 75%。

3）用楔块、楔套连接时，楔套应用钢材制造。连接强度不得小于钢丝绳破断拉力的 75%。

（8）对钢丝绳要搞好维护，以防止由损伤、腐蚀或其他物理、化学因素造成的性能降低。具体要求是：

1）开卷时应防止打结或扭曲；

2）切断时应采取防止绳股散开的措施；

3）安装时不应在不洁净的地方拖线，应防止划、磨、碾压和过度弯曲；

4）钢丝绳应保持良好的润滑状态；

5）领取钢丝绳时，必须检查该钢丝绳的合格证，以保证其力学性能、规格符合设计要求；

6）对日常使用的钢丝绳每天都应进行检查。

（9）钢丝绳出现下列情况之一时应报废：

1）一个捻距中钢丝绳断丝数达10%时，对于符合GB 1102—74（圆股钢丝绳）标准的钢丝绳，在断丝与磨损的指标上，也可按表6-4中的要求检查，确定是否报废；

2）断丝局部聚集长度小于6倍绳径（或集中在一股上）时，即使断丝数未达到10%，也应报废；

3）绳股断裂；

4）钢丝绳腐蚀或磨损超过钢丝直径的40%，钢丝绳有锈蚀或磨损时，应将表6-4中的报废断丝数按表6-5中规定的系数折减，并按折减后的断丝数报废；

表6-4 钢丝绳一个节距中的断丝报废根数

安全系数	钢丝绳（6×19）		钢丝绳（6×37）	
	交互捻	同向捻	交互捻	同向捻
<6	12	6	22	11
6~7	14	7	26	13
>7	16	8	30	15

注：表中断丝数是指细钢丝，粗钢丝每根相当于1.7根细钢丝；一个节距，指每股钢丝绳缠绕一周的轴向距离。

表6-5 折减系数

钢丝表面磨损量或腐蚀量/%	10	15	20	25	30~40	>40
折减系数/%	85	75	70	60	50	0

5）由于热作用或电弧作用而被损坏；

6）钢丝绳出现硬弯、打结、麻芯外露等现象时，应报废；

7）吊运炽热金属或危险品的钢丝绳的报废断丝数，取一般起重机钢丝绳报废断丝数的一半，其中包括因钢丝表面磨损或锈蚀进行的折减。

6.1.2.3　员工操作要求

A　天车工操作要求

具体要求包括：

（1）天车工必须按规定经培训、考试、体检合格后取得操作证方可独立作业。

（2）要严格执行安全检查、工作牌使用、交接班等安全生产制度。

（3）每班开车前，认真检查设备的机械、电气部分，确认安全保护装置、电气保护装置等安全可靠，并做空车的起升机构、运行机构以及各控制器、限位装置等的试运行。发现异常时，严禁吊运，立即修理。

（4）天车走台上禁止堆放物品或工具，开车前必须清除，以免它们落下伤人。

（5）天车工吊物前必须确认车上及轨道上无人，鸣铃后方可开车。

（6）工作时要精神集中，在驾驶室不得做与工作无关的事。

（7）操作时必须听从挂吊人员的指挥，在得到指挥信号并鸣铃后方能进行操作。

（8）指挥人员发出的信号与天车工意见不同时，天车工应发出询问信号并取得一致时才能开车。

（9）多人挂钩时天车工只服从吊运前确定的一人指挥，当指挥人员所发信号违反安全规定时，天车工有权拒绝执行。

（10）操作时发现有不正常现象或听到不正常声音时，应将物件稳妥降落并立即停车进行处理。不论任何人发出危险信号，天车工都应紧急停车。

（11）操作控制器手柄应先从零位转到第一挡，然后逐级增、减速度。换向时必须先转回零位。操作中当天车钩头接近卷扬限位器，大、小车临近终端或接近邻近天车时，速度要缓慢。在正常情况下，不准打倒车或利用限位开关、紧急开关停车。不准同时操作三项机构，不可单脱手或双脱手。

（12）在吊运接近额定负荷的物件时，应先吊离地面不高于0.5m进行试吊，确认吊挂平稳牢固、制动性能良好、重物稳定后方可正式起吊。

（13）在吊运时要慢速启动，缓慢运行。制动时要平稳，重物不晃动。放置重物时要慢放，防止重物突然下落而损坏设备或发生人身事故。

（14）吊运重物时应走吊运通道，并且应高于地面设备或物体0.5m以上，不能从人头上越过，不能让重物长时间在空中停留。

（15）运行时吊车之间要保持2m以上的距离，严禁撞车。

（16）应在规定的安全通道、专用站台或扶梯上行走和上下，大车轨道两侧除检修外不准行走。小车轨道上严禁行走，不准从一台天车上跨越到另一台天车上。

（17）吊车运行时严禁有人上、下车，起重机上有两人工作时，开动起重机或离开工作岗位均需通知对方，不准在运行时进行检修和调整机件。

（18）有主、副钩的起重机，应把不工作的吊钩升到接近极限位置的高度，吊钩上不准挂有其他辅助吊具，不允许两钩同时启动（设计允许同时使用的专用起重机除外），不允许两钩同时吊运两个重物。

（19）两台吊车同时起吊一重物时，必须进行技术鉴定，采取妥善安全措施并经公司有关领导和有关部门批准。吊运时起重钢丝绳应保持垂直，同步升降，每台吊车所受的负荷量不能超过其最大起重量，并要听从专人指挥。

（20）吊运中遇到升降制动器失灵时应立即鸣铃，并迅速用升降控制器手柄使重物在空中做往复上下运动，同时开启运行机构，尽快将重物送到安全的地方放下。

（21）发现控制器失灵而使升降或移动无法控制时，应迅速关掉紧急开关或总电源开关。

（22）当重物无法放下时，将重物吊运到适当地方，立即将危险区域用绳子围起来，挂“禁止通行”标志，及时找维修工修理。

(23) 如发生突然停电，必须将控制器手柄放置到零位，并切断总电源；吊件未放下或索具未脱钩，司机不准离开驾驶室，要求司索人员通知有关人员尽快处理。

(24) 当降落重物达到最低位置时，要保证卷筒上所留钢丝绳不得少于两圈。

(25) 作业场所应有充足照明。

(26) 使用吸盘的起重机，在规定的工作区域应有明显标志，禁止无关人员入内，以防发生重物坠落。

(27) 遇雷、雨天气或六级以上风力时，要停止露天作业，并要将起重机下锚定位。

(28) 天车工离开驾驶室时，应将天车停在规定地点，小车开到驾驶室一端，吊钩升到较高位置，将各控制器放到零位并切断电源。

(29) 吊车司机必须认真做到“十不吊”：

1) 超出额定负荷不吊；

2) 指挥信号不明、乱指挥不吊；

3) 光线暗淡、看不清不吊；

4) 钢丝绳、制动器、滑轮、卷扬等零部件不符合安全使用标准不吊；

5) 物件挂吊不稳或捆绑不牢不吊；

6) 物件与钢丝绳必须垂直，歪拉斜拽及沿地面拉运重物的不吊；

7) 物件上站人、有人攀扶、物件上有浮放活动物件时不吊；

8) 物件的锋利棱角与钢丝绳间没有衬垫的不吊；

9) 埋在地下、凝结在地面或设备上的质量大小不清的物件不吊；

10) 钢水、铁水及铝水包过满的（即液面到包外沿小于150mm）或未打好固定卡子的不吊。

B 司索工操作要求

具体要求包括：

(1) 用天车起吊重物的地方应设有良好的照明设备，夜间禁止在没有良好照明的地方工作。

（2）司索工应掌握吊车的性能、熟悉挂吊知识，并且要正确使用规定的起重统一指挥信号。

（3）多人共同吊运重物时，应指定一人负责指挥，发出的指挥信号必须清晰、准确，指挥人员应站在司机能看清指挥信号的安全位置上。

（4）司索人员对使用的工具（钢丝绳、吊链、吊钳等），在使用前必须进行认真检查，不许超出负荷范围，对已达到报废标准的钢丝绳、链条或其他吊具不准使用，应立即更换。

（5）挂吊前应了解吊物质量大小、形状以及挂吊的合理位置。

（6）吊有棱角的重物，必须在棱角处加木垫、棉织物等，以防吊具（钢丝绳、链条等）受到损伤而断裂，吊运有四个吊环的料箱、料架，必须挂四角。

（7）在一次吊运多种材料或可能滑动的物体并容易发生滑脱现象时，不准用单绳捆绑吊运。

（8）禁止用手直接校正已被重物张紧的绳索。

（9）在吊运的物体上不准有附带的、不稳固的浮动物品，捆绑后留出的不受负荷的绳头，必须绕在吊钩或吊物上。

（10）用两根以上钢丝绳（链条）吊重物时，其交叉角不应大于120°。

（11）捆绑重物使重心在正中，所系绳索、链条必须平直均匀，不允许有打结现象，不许绳索歪斜。

（12）在吊运危险物体时，必须使用保险吊具（保险箱子、台架等）。

（13）当重物挂好起吊前，挂吊工必须通知附近人员离开吊运重物，选择安全位置，然后指挥起吊。

（14）吊运中发现重物不平衡时，必须落地重新捆绑，严禁用人登乘重物的方法进行平衡，且不得站在吊运的重物上指挥。

（15）重物在水平方向移动时，挂吊人员应跟随重物的后面，时刻观察重物移动的路径和状态，随时指挥负载避开人员或障碍物。

（16）在重物落地之前，挂吊人员必须选择适当的安全的地方堆放，不准将重物放在蒸汽、煤气管道及其他管道上。

（17）在放置重物的地方，应事先放置好适当的垫物，不应有偏移和不平稳的现象。

（18）挂吊用钢丝绳的安全系数不能低于6。

6.2 吊索具安全

6.2.1 链条

6.2.1.1 链条的制造

具体要求有以下几点：

（1）焊接链条材料应有良好的可焊性及不易产生时效应变脆性，一般应用YB6—71《合金结构钢技术条件》中规定的20Mn2、20MnV钢或A3钢制造。

（2）链环接头焊接质量应符合焊接规范的规定，链环焊接工艺应做坡口并保证接头与母材同等强度，防止过热和过烧及出现气孔、裂纹、咬边、夹渣等缺陷。

（3）所有焊缝都应进行外部检查，以判断有无上述不允许存在的缺陷。

6.2.1.2 链条的检查

具体要求有以下几点：

（1）使用前应检查链条焊接接触处，预防断裂与磨损。

（2）新制作的链条在使用前应用50%破断负荷的质量进行负荷试验，合格后打上明显的标记。

6.2.1.3 链条的报废

链条出现下列情况之一时，应报废：

（1）出现裂纹。

（2）链条发生塑性变形，伸长率达到5%。

（3）链条直径磨损达到原直径的10%。

6.2.1.4 链条安全系数的选择

焊接链条的安全系数不得小于表6-6中规定的数值。

表 6-6 焊接链条的安全系数

光卷筒或滑轮		链 轮		捆绑物品	吊挂用（带小钩小环等）
手动	机动	手动	机动		
3	6	4	8	6	5

6.2.1.5 链条的拉力计算

链条容许拉力 $P_{容} \leqslant P_{破}/K$

式中 $P_{容}$——链条最大容许拉力，kN；

$P_{破}$——链条破坏时的拉力，kN；

K——安全系数，根据需要选择。

6.2.2 焊接环形链

具体要求有以下几点：

（1）起重用焊接环形链必须有产品合格证等技术证明，否则应查明性能后才可投入使用。

（2）不能用于振动冲击量大的场合，不准超负荷使用。

（3）对在用的链条，要制定定期检查制度。

（4）出现下述情况之一时，应报废：

1）有裂纹；

2）发生塑性变形，伸长率达到5%；

3）链环直径磨损达到原直径的10%。

6.2.3 化学纤维绳

具体要求有以下几点：

（1）化学纤维绳宜起重吊装表面光洁的零件、软金属制品、表面磨光的轴或其表面不允许有磨损、擦伤的物件或设备。

（2）化学纤维绳在使用或保存时，要远离火源，防止暴晒。

（3）操作时不要站在拉力线方向，防止化学纤维绳往回抽打伤人。

（4）使用中发现破裂或磨损严重时，要进行更换。

6.2.4 麻绳

具体要求有以下几点：

(1) 麻绳一般用于质量较轻物件的捆绑和吊挂，严禁超负荷使用。

(2) 在捆扎物件时，要避免使麻绳直接和物件尖锐边缘接触，尖锐的边缘应垫以木头或破布等衬垫物。

(3) 不准使用断股麻绳。

(4) 麻绳不能与有腐蚀作用的化学品、油漆等接触。

(5) 麻绳表面均匀磨损不超过直径的30%，局部损伤和腐蚀不超过同截面直径10%时，可按直径折减降低级别使用，严重时应截去损伤部分。

(6) 麻绳使用中应尽量避免雨淋或受潮。

6.2.5 吊钳、料筐、吊梁及U形铝卷钩等

具体要求有以下几点：

(1) 设计结构合理，受力均匀，材料应选用有良好的可焊性及不易产生时效应变脆性的低碳钢制作。其受力构件及整体的薄弱部位的安全系数不得小于6。焊接质量按链条制造中的有关条款执行。

(2) 上述专用吊具及吊挂捆绑用的钢丝绳或链条，至少每周应全面检查两次。

(3) 除钢丝绳外，其他专用吊具每年必须定期试验一次，用其允许承载能力的2倍，悬吊10min后按链条条款的报废要求对照检查，确认安全可靠后，方可继续使用。

6.2.6 吊具的挂吊

具体要求有以下几点：

(1) 吊具的挂吊方法很重要，挂吊不当是发生事故的重要原因之一。为了防止在吊运过程中因钢丝绳与钩头之间产生滑动而失去平衡，造成重物脱落，双绳扣吊运必须相搭压，见图6-1，单绳扣吊运见图6-2。

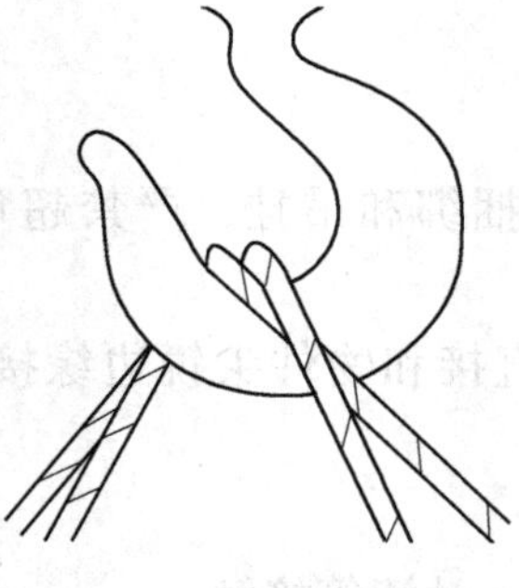

图 6-1 双绳扣吊运

图 6-2 单绳扣吊运

（2）吊运重物时钢丝绳最大夹角 α 不能大于 120°，钢丝绳与重物的棱角相接触部分应加防滑垫片，见图 6-3。

（3）吊具上的轴、销等隐蔽部件应每半年检查一次，如发现变形、裂纹、磨损等，应报废、更换。

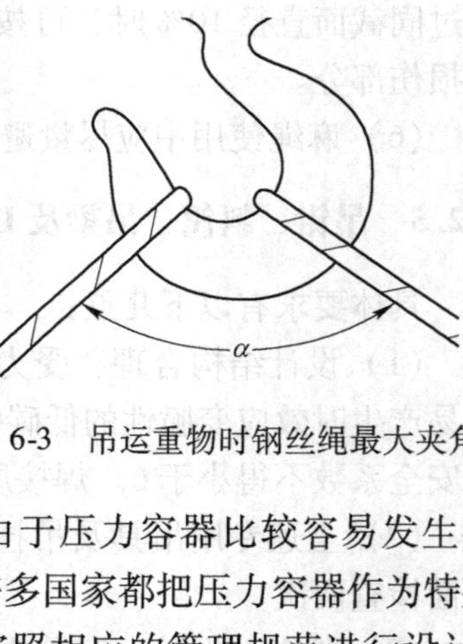

图 6-3 吊运重物时钢丝绳最大夹角

6.3 压力容器安全

压力容器，过去又称受压容器。由于压力容器比较容易发生事故，而且事故的危害性比较大，所以许多国家都把压力容器作为特殊设备，由专门机构进行安全监督，并按照相应的管理规范进行设计、制造和使用。

6.3.1 压力容器的主要技术参数

压力容器的技术参数是其设计、制造、使用和检验等的重要依据。常用参数有设计压力、设计温度、公称直径等。

设计压力指在相应的设计温度下用以确定容器壳体壁厚的压力，也是标注在铭牌上的压力。在确定容器的设计压力时，一般应遵循下列原则：设计压力应略高于容器顶部可能出现的最高压力。装有安全泄压装置的压力容器，设计压力应不低于安全阀的开启压力和爆破片装置的爆破压力。盛装液化气体的容器，无保温装置的，设计压力不低于所装液化气体在50℃时的饱和蒸气压力；有可靠保温设施的，设计压力不低于其在试验实测的最高温度下的饱和蒸气压力。

设计温度是指容器在正常操作情况下设定的金属壳体的温度。确定时应注意以下几点：

（1）对常温和高温操作的容器，设计温度不得高于金属壳体可能达到的最高金属温度。

（2）对零度以下操作的容器，设计温度不得低于金属壳体可能达到的最低温度。

（3）在任何情况下，容器壳体或其他受压元件金属的表面温度不得超过材料的允许使用温度。

（4）安装在室外且器壁无保温装置的容器，壁温受环境温度的影响可能小于或等于20℃时，设计温度应按使用地区月平均最低温度设计。

公称直径是按容器零部件标准化系列而选定的壳体直径。焊接的圆筒形容器，公称直径是指它的内径。而用无缝钢管制成的圆筒形容器，公称直径是指它的外径。

6.3.2 压力容器的破裂形式及其原因

压力容器的破裂事故可能造成严重的后果，要防止压力容器发生这类事故，必须了解它的破坏机理。根据压力容器的破裂特点，可将压力容器的破裂形式分为延性破裂、脆性破裂、疲劳破裂和蠕变破裂等。下面概括一下各种破裂的特点、产生的原因及其预防措施。

6.3.2.1 延性破裂

延性破裂是压力容器在内部压力作用下，器壁上产生的应力达到材料的强度极限而产生的。它是在器壁上发生大量塑性变形之后产生的。

延性破裂的主要特点是：器壁有明显的塑性变形；在较高的应力水平下破坏（达到或超过材料的屈服强度）；不产生碎片，只开一个小口（其大小与爆破时释放的能量有关）；断口为灰暗色的纤维状，无金属光泽，断口不齐平；在常温下发生，危害性小，可以预防。

压力容器产生延性破裂的主要原因是在使用中超压。此外，因为介质对器壁产生腐蚀，或停用时没有采取有效的防腐措施，器壁发生大面积腐蚀而壁厚严重减薄产生过量的塑性变形，或盛装液化气体的容器充装过量，在运输、使用和储存过程中，由于受环境温度的影响，液体温度升高，体积膨胀，压力急剧上升。

要防止压力容器发生延性破裂事故，最根本的措施是保证任何情况下由内压在器壁上引起的应力低于材料的屈服强度，并留有适当的安全余度。因此，必须做到以下几点：

（1）设计时承压部件必须经过强度核算，使用前也必须进行强度校验。

（2）容器必须按照规定装设安全装置，并经常保持其处于灵敏可靠状态。

（3）定期检验，及时发现由腐蚀而导致壁厚减薄的在用设备。

（4）加强维护保养，经常保持防腐措施处于良好状态。

（5）严格遵守操作规程，注意运行中的监控调节，防止超压运行。

6.3.2.2 脆性破裂

并不是所有的压力容器在破裂时都经过显著的塑性变形，有些容器在破裂后并没有发现可见的塑性变形现象，而且器壁的平均应力远低于材料的强度极限，这种破裂现象和脆性材料的破裂相似，故称为脆性破裂，有时也称为低应力破裂。

产生脆性破裂的原因主要是材料的韧性差，特别是在低温时韧性下降很快。此外，承压部件存在缺陷时，在此区域应力增强，易产生应力集中。

防止压力容器产生脆性破裂最根本的措施是减少或消除构件的缺陷，要求材料有很好的韧性。设计时选用在低温下仍保持较好韧性的材料；并注意设计的结构合理，在制造时采用严格的工艺措施减少应力集中；在使用中加强检验，及早发现并消除缺陷。

6.3.2.3 疲劳破裂

疲劳破裂是压力容器一种常见的破裂形式。它是压力容器的承压部件在长期反复交变载荷作用下，在应力集中处产生微裂纹，随着交变载荷的继续作用，裂纹逐渐扩大，导致破裂。疲劳破裂的压力容器一般有以下特征：

（1）容器没有明显的塑性变形。

（2）破坏总是产生在应力集中的地方。

（3）只产生开裂，不产生碎片。

（4）从裂纹的形成、扩展到破坏有一个较为缓慢的发展过程。

（5）破坏总是经过长期的反复载荷作用后发生，应力低于拉伸强度。

（6）断面呈两个区域，即裂纹的形成和扩展区与脆断区。

压力容器的疲劳破裂既然是由于反复的交变载荷以及过高的局部应力引起的，那么要防止发生这类事故，除了在运行中尽量避免那些不必要的频繁加压和卸压、过分的压力波动和悬殊的温度变化等因素外，主要还在于设计时采用合理的结构。一方面要避免产生应力集中，使容器壁的个别部位的局部应力不至于超过材料的屈服强度；另一方面，如果容器上确实难以避免出现较高的局部应力，则应做疲劳分析和疲劳设计。此外，在制造时要按照正确的工艺进行，以确保质量。

6.3.2.4 应力腐蚀破裂

压力容器的应力腐蚀破裂是指容器壳体由于受到腐蚀介质的腐蚀而产生的一种破裂形式。腐蚀使金属材料的有效面积减小和表面形成缺口，产生应力集中；而应力则可加速腐蚀的进行，使表面缺口向深处扩展，最后导致破裂。应力腐蚀是一种相当危险的破裂形式，因为它常常是在未被发现的情况下使金属材料突然断裂而发生损坏。常见的特征是没有明显预兆，危害极大，断裂区呈黑色，裂纹分叉。

要防止产生应力腐蚀破裂，可采取以下几种防止应力腐蚀破裂的措施：

（1）选择合适的抗腐蚀材料。

（2）采取必要的保护措施，使承压部件与腐蚀介质隔离。

（3）进行合理设计，避免高应力区。

（4）制造时制定合理的工艺，消除残余应力。

（5）使用时加强管理，定期检查维修。

6.3.2.5　压力冲击破裂

压力冲击破裂是指容器的压力受各种因素的影响而急剧升高，使壳体受到高压力的突然冲击作用而造成的破裂爆炸。产生压力冲击主要是操作不当或泄漏等原因引起的，使可燃气体与助燃气体混合比例达到爆炸极限范围；或者是催化剂使用不当、冷却装置失效、原料不纯等原因引起的。压力冲击破裂有以下一些特征：

（1）压力冲击破裂的容器常常产生大量的碎块。

（2）断裂时常常伴有高温产生，断口类似脆性断裂。

（3）容器释放的能量较大。

6.3.2.6　蠕变破裂

蠕变是指金属材料在应力和高温的双重作用下产生的缓慢而又连续的塑性变形。当承压部件长期在金属蠕变的高温下工作时，壁厚会减小，材料的强度有所降低，严重时会导致压力容器高温部件发生蠕变破裂。产生蠕变破裂的原因主要是未选用抗蠕变性能好的合金钢来制造高温部件，结构设计不合理而使局部区域过热，制造时改变了材料的组织而降低了材料的抗蠕变性能，以及由于操作和维护不当，使承压部件局部过热。材料发生蠕变破裂时，一般都有明显的塑性变形，断口表面形成一层氧化膜。预防压力容器高温承压部件蠕变破裂主要应从以下几个方面来考虑：

（1）设计时根据使用温度选用合适的材料。

（2）合理设计结构，避免局部高温。

（3）制定正确的加工工艺，避免因加工而降低材料的抗蠕变性能。

（4）遵守操作维护规程，防止产生局部过热。

6.3.2.7　腐蚀疲劳破裂

腐蚀疲劳破裂是材料在腐蚀和交变应力共同作用下引起的一种破坏形式。它的主要特征是具有疲劳断裂的断口，裂纹策源点是表面的腐蚀坑，裂纹形成后以穿晶方式逐步扩展。

引起疲劳腐蚀破裂的原因是金属材料在腐蚀介质中，由于交变应力的反复作用，在表面形成腐蚀缺口并引起应力集中而产生裂纹。通过合理选材、采用表面保护镀层或添加缓蚀剂、采用电化学保护等措施可防止腐蚀疲劳断裂的产生。

6.3.3 压力容器定期检验

压力容器的定期检验是指在容器的使用过程中，每间隔一定的期限即采用各种适当而有效的方法对容器的各个承压部件和安全装置进行检查和必要的试验。借以早期发现容器上存在的缺陷，使容器的隐患在还没有发生危险之前即被消除或采取适当的措施进行特殊的监护，以防压力容器发生事故。压力容器的定期检验可分为外部检查、内外部检验和耐压试验。

6.3.3.1 外部检查

外部检查应在压力容器运行中进行，具体检查内容包括以下几项：

(1) 压力容器的本体、接口部位、焊接接头等处有无裂纹、过热、变形、泄漏等。

(2) 外表面有无腐蚀，保温层有无破损、脱落、潮湿、变质。

(3) 检漏孔、信号孔及各连接处有无漏液、漏气。

(4) 压力容器与相邻管道或构件有无异常振动、响声和相互摩擦。

(5) 进行安全附件检查。

(6) 检查支承或支座的损坏，基础下沉、倾斜、开裂，坚固件的情况。

(7) 检查运行的稳定情况，4 级压力容器安全的监控情况。

6.3.3.2 内外部检验

内外部检验应在停用时进行，具体检查内容包括以下几项：

(1) 外部检验的全部项目。

(2) 结构检验，包括筒体与封头连接处、开孔处、焊缝、支座和法兰。

(3) 几何尺寸检验，包括核对有资料可确认的容器的主要几何尺寸。

(4) 表面缺陷检验，包括腐蚀与机械损伤、表面裂纹、焊缝咬边、变形等。

(5) 壁厚测量。

(6) 材质，主要检验受压元件的材质是否恶化。

(7) 检查保温层、堆焊层、金属衬里的完好情况。

(8) 检查焊缝埋藏缺陷。

(9) 检查安全附件。

(10) 检查坚固件。

6.3.3.3 耐压试验

压力容器的耐压试验包括内外部检验的全部项目，并在内外部检验合格的基础上进行压力试验。试验的内容、方法及评价应遵守《压力容器安全技术监察规程》的有关规定。

6.4 气瓶安全

气瓶是一种移动式压力容器，对压力容器的安全要求原则上也适用于气瓶。但由于气瓶在充装和使用过程中还存在一些特殊问题，因此，要保证气瓶的安全使用，还需要制定一些专门的规则和要求。

6.4.1 气瓶的充装

为防止气瓶因充装不当而发生破裂爆炸事故，必须采取严密有效的措施，主要是加强对气瓶的严密检查，特别是充装前的检查；确定气瓶的充装量并严格执行；注意充装过程的安全操作等。

6.4.1.1 充装前的检查

气瓶在充装前应由专人负责逐只进行检查，检查的主要内容包括以下几项：

(1) 气瓶是否是由持有制造许可证的单位制造的，气瓶是否属于制造单位或者监管部门宣布报废或规定停用或需要复检的产品。

(2) 气瓶改装是否符合要求。

(3) 气瓶的原始标识是否符合标准和规定，铅印字迹是否清晰可见。标识内容包括：制造单位名称或代号；气瓶编号；水压试验压力；公称工作压力；实际瓶重；实际容积；气瓶设计壁厚；制造单位检验标记和制造年月；监督检验标记；寒冷地区用气瓶标记。

(4) 气瓶是否在规定的检验有效期内。

(5) 气瓶的公称工作压力是否符合欲充装气体的充装压力。

(6) 气瓶的颜色、字样是否符合《气瓶颜色标记》的规定。

(7) 气瓶的附件是否齐全，并符合技术要求。

(8) 气瓶内有无剩余压力，剩余的气体是否与充装的气体相符。

(9) 承装氧气或强氧化性气体的气瓶瓶阀和瓶体是否粘有油脂。

(10) 首次充装气体是否经过置换或真空处理。

(11) 瓶体有无裂纹、严重腐蚀、明显变形、机械损伤等缺陷。

6.4.1.2 气瓶的充装量

气瓶的充装量是气瓶在单位容积内允许充装的气体或液化气体的最大质量，所以也称为最大充装量或安全充装量。气体充装的原则是保证所装气体或液化气体在最高使用温度下，压力不超过气瓶的许用压力。我国规定最高气瓶的许用压力等于气瓶的公称工作压力；永久气体气瓶的许用压力为公称工作压力的 1.2 倍或水试验压力的 0.8 倍。

气瓶的最高使用温度是指气瓶在充装气体以后可能达到的最高温度。根据我国《气瓶安全监察规程》规定，国内使用的气瓶最高使用温度为60℃。

6.4.1.3 气瓶充装后的检查

充装气体后的气瓶，应由专人逐只进行检查，不符合要求时应进行妥善处理。检查的内容包括：

(1) 瓶壁温度有无异常。

(2) 瓶体有无出现鼓包、变形、泄漏或充装前检验的缺陷。

(3) 瓶阀和瓶口连接处的气密性是否良好，瓶帽和防爆圈是否齐全完好。

(4) 颜色标记和检验色标是否齐全并符合技术要求。

(5) 取样分析瓶内气体纯度及杂质含量是否在规定的范围内。

(6) 实测瓶内的气体压力、质量大小是否在规定的范围内。

6.4.2 气瓶的定期检验

压力容器的定期检验技术原则上适用于各种气瓶，但也有一些特殊要求。气瓶定期检验的周期为：装腐蚀性气体的气瓶每 2 年检验 1

次；装一般气体的气瓶每 3 年检验 1 次；装液化石油的气瓶，使用未超过 20 年的每 5 年检验 1 次，超过 20 年的每 2 年检验 1 次；装惰性气体的气瓶每 5 年检验 1 次。

气瓶检验前要排放瓶内剩余气体，拆卸瓶帽、防振圈、瓶阀，清理和洗刷瓶内外表面；进行原始标记登记。

气瓶的定期检验项目有外观检查、音响检查、瓶口螺纹检查、内部检查、质量和容积的测定，水压试验和气密性试验。

6.4.3 气瓶的使用管理

6.4.3.1 气瓶的运输

运输气瓶的要求有以下几点：

（1）运输工具上应有明显的安全标志。

（2）佩戴好瓶帽、防振圈，轻装轻卸，严禁抛、滑、滚、碰。

（3）吊装时严禁使用电磁起重机和链绳。

（4）瓶内气体相互接触能引起燃烧、爆炸的气瓶，产生毒物的气瓶，易燃易爆、腐蚀性物品或与瓶内气体起化学反应的物品不得同车运输。

（5）气瓶装在车上应妥善固定。

（6）夏季运输应有遮阳设施，避免暴晒。城市的繁华地区应避免白天运输。

（7）严禁烟火，运输可燃气体气瓶时，运输工具上应备有灭火器材。

（8）运输气瓶的车、船不得在繁华市区、重要机关附近停靠。车、船停靠时司机和押运人员不得同时离开。

（9）装有液化石油气的气瓶不得长途运输。

6.4.3.2 气瓶的储存

储存气瓶的要求有以下几点：

（1）气瓶应置于专用仓库储存，气瓶仓库应符合《建筑设计防火规范》的有关规定。

（2）仓库内不得有地沟、暗道，严禁明火和其他热源。仓库内应经常通风、干燥，避免阳光直射。

(3) 盛装易起分解反应或聚合反应气体的气瓶，必须规定储存期限，并避开放射源。

(4) 空瓶与实瓶分开放置，并有明显标志；装有毒性气体的气瓶和装有其他气体的气瓶，如果气体相互接触后能够引起燃烧、爆炸或产生毒物时，气瓶应当分室放置，并在附近设置防火用具或灭火器材。

(5) 气瓶要放置整齐，戴好瓶帽。

6.4.3.3 气瓶的使用

使用气瓶的规定有以下几点：

(1) 不得擅自更改气瓶的颜色标记和铅印。

(2) 使用前应进行安全状况检查，确认盛装的气体。放置地点不得靠近火源，离明火 10m 以外。

(3) 气瓶立放时应采取防止倾倒的措施。

(4) 夏季应防止暴晒。

(5) 严禁敲击、碰撞。

(6) 严禁在气瓶上进行电焊引弧。

(7) 严禁用超过 40℃ 的热源对气瓶进行加热。

(8) 瓶内气体不得用尽，必须留有剩余压力。

(9) 在可能造成回流的场合，设备上应配有防止倒灌的装置。

(10) 气瓶投入使用后不得对瓶体进行挖补、焊接修理。

(11) 液化石油气瓶用户不得将气瓶内液化石油气向其他气瓶倒装，不得自行处理瓶内剩余残液。

6.4.3.4 气瓶改装的要求

气瓶改装是指在用气瓶、尚未投入使用的气瓶或定期检验剔出降压使用的气瓶，因需要由原盛装气体改为盛装另一种气体。气瓶改装工作由气瓶定期检验单位负责进行。具体要求如下：

(1) 根据气瓶制造铅印标记和安全状况，确定改装后充装的气体和气瓶的公称工作压力。

(2) 对气瓶进行彻底清理、冲洗、干燥，换装相应的瓶阀和其他附件。

(3) 按照规定打检验钢印和涂检验色标，并按照改装后盛装的气体更改气瓶的颜色、字样和色环。

（4）将气瓶改装情况通知其产权单位，记入气瓶档案。

6.4.3.5 气瓶事故的处理

气瓶发生事故时，首先应考虑如何采取有效的措施减少事故造成的损失。

当气瓶受到外界火焰威胁时，若火焰尚未波及气瓶，应全力扑灭；若火焰已波及气瓶，应将气瓶转移到安全地方或喷射大量水进行冷却；若火焰发自瓶阀，应迅速关闭瓶阀切断气源。

当气瓶发生泄漏事故时，应根据气瓶的泄漏部位、泄漏量、泄漏气体性质及影响情况，就地阻止。如不能阻止，可根据气瓶盛装气体的性质，将泄漏的气瓶浸入到冷水池中或石灰水池中使之吸收；若有大量的毒性气体，周围人员需迅速疏散，并穿戴防护用品进行处理；如果是可燃气体，应迅速处置，做好各项灭火工作，喷水冷却。

7 安全管理

7.1 安全管理的原则和基本观点

7.1.1 安全管理的原则

安全管理的原则是：

（1）“安全第一、预防为主”的原则；

（2）“管生产必须管安全”的原则。

7.1.2 安全管理的基本观点

安全管理的基本观点是：

（1）系统的观点；

（2）预防的观点；

（3）强制的观点；

（4）准确的观点。

7.2 安全生产责任制

安全生产责任制就是根据“管生产必须管安全”的原则，综合各种安全生产管理、安全操作制度，对企业各级领导、各职能部门、有关工程技术人员和生产工人在生产中应负的安全责任作出明确的规定。

安全生产责任制是企业岗位责任制的重要组成部分，是企业最基本的一项安全制度，是所有安全管理制度的核心。有了这项制度，就能把安全与生产从组织上统一起来，做到事事有人管、层层有专责，使领导干部和广大职工分工协作，共同努力，认真负责地做好安全工作，保证安全生产。

7.3 安全教育培训

安全是生产赖以正常进行的前提，而安全教育又是安全管理工作的重要环节。安全教育的目的是提高全员的安全意识、安全管理水平和防止事故发生，实现安全生产。安全教育的内容主要有：

（1）安全生产思想教育；

（2）安全知识教育；

（3）安全技能教育；

（4）法制教育。

安全教育的基本要求是：

（1）领导干部必须先受教育；

（2）新工人三级安全教育；

（3）特种作业人员培训；

（4）经常性教育。

7.4 安全检查

7.4.1 安全检查的目的与意义

安全的基本含义，一是预知危险，二是消除危险，两者缺一不可。为此，必须通过安全检查对生产中存在的不安全因素进行预测、预报和预防。

（1）通过检查，可以发现施工（生产）中的不安全（人的不安全行为和物的不安全状态）、不卫生问题，从而采取对策，消除不安全因素，保证安全生产。

（2）利用安全生产检查，进一步宣传、贯彻、落实安全生产方针、政策和各项安全生产规章制度。

（3）安全检查实质上也是一次群众性的安全教育。

（4）通过检查可以互相学习、总结经验、吸取教训、取长补短，有利于进一步促进安全生产工作。

（5）通过安全生产检查，了解安全生产状态，为分析安全生产形势、加强安全管理提供信息和依据。

7.4.2 安全检查的内容和方法

安全检查的内容主要是根据生产特点，制定检查项目、标准，包括查思想、查制度、查机械设备、查安全设施、查安全教育培训、查操作行为、查劳保用品使用、查伤亡事故的处理等。概括起来，主要有以下几种检查形式：

（1）企业内部必须建立定期分级安全检查制度。安全检查应由单位领导带队，工会、安全、动力设备、保卫等部门派员参加。这种制度性的定期检查内容，属全面性和考核性的检查。

（2）专业性安全检查。专业性安全检查由企业有关业务部门组织有关人员对某项专业（如：垂直提升机、脚手架、电气、塔吊、压力容器、防尘防毒等）安全问题或在施工（生产）中存在的普遍性安全问题进行单项检查，这类检查专业性强，也可以结合单项评比进行，参加专业检查组的人员，主要有专业技术人员、安全技术人员和实际操作、维修工人。对于新搭设的脚手架、垂直提升机（龙门架和井字架）、塔吊等重要设备，在使用前进行的验收，也属于专业性安全检查内容。

（3）经常性安全检查。在生产过程中，进行经常性的预防检查，能及时发现隐患，消除隐患，保证生产正常进行。

8 现场急救

8.1 现场抢救的步骤

现场抢救的步骤是：

（1）现场急救。

（2）叫救护车，转送伤员。

（3）检查呼吸、心跳。如呼吸、心跳已停止，应立即施行人工呼吸和心脏按摩。

（4）止血。

（5）治疗休克。

（6）对骨折进行固定。

（7）包扎伤口。

8.2 几种常见的救护方法

8.2.1 人工呼吸与心脏按摩

8.2.1.1 人工呼吸

当呼吸停止，心脏仍然跳动或停止跳动时，用人工的方法使空气进出肺部，供给人体组织所需要的氧气，称为人工呼吸。

8.2.1.2 心脏按摩

心脏骤停时，依靠外力挤压心脏，用来暂时维持心脏排送血液功能的方法，称为心脏按摩。

8.2.2 止血方法

止血方法有：

（1）细血管出血。血液从伤口渗出，出血量少，色红，危险性小，只需要在伤口上盖上消毒纱布或干净手帕等，扎紧即可止血。

(2) 静脉出血。血色暗红,缓慢不断流出。一般先抬高出血肢体,可减少出血,然后在出血处放几层纱布,加压包扎即可达到止血目的。

(3) 动脉出血。血色鲜红，出血来自出血的近心端，呈搏动性喷出，出血量多，速度快，危险性大。动脉出血一般使用间接指压法止血。即在出血动脉的近心端用手指把动脉压在骨面上止血。

8.2.3 断肢（指）的处理

断肢（指）发生时，除做必要急救外，还应注意保存断肢(指)，以求有再植的希望。

将断肢（指）用清洁布巾包好，不要用水冲洗伤面，也不要用各种溶液浸泡。若有条件，可将包好的断肢（指）置于冰块中间。

8.2.4 休克处理

休克是指因各种原因的强烈刺激和损害（如大出血、创伤、烧伤等）引起的急性血液循环不全，导致重要生命器官缺氧、代谢紊乱而发生的严重功能障碍。

对于休克的患者应将其平卧保暖。有条件的可给氧，针刺人中穴，同时对引起休克的因素及时排除。

8.2.5 电击伤处理

人体误触电源，电流从人体通过引起全身或局部的损伤，称为电击伤。电击伤严重者可使心跳、呼吸骤停，救治不及时可迅速死亡。

抢救方法是:

(1) 以最快速度使伤员脱离电源，即切断电源。若离电源较远，可用不导电的干木棍、竹竿等拨开电线。

(2) 将触电者移至通风处，解松衣服，进行人工呼吸和心脏按摩；在进行人工呼吸时，可针刺人中穴，以促苏醒。

(3) 心脏和呼吸恢复后，应送医院继续救治。

8.2.6 烧伤处理

烧伤主要有热烧伤和化学烧伤。热烧伤主要指火焰烧伤、开水烫伤、蒸汽等高温灼伤和电流灼伤。化学灼伤主要指强酸、强碱对皮肤的灼烧。烧伤的救治方法是：

（1）应立即将伤员救离火源。救护者也应注意自我保护。

（2）火焰烧伤时，应立即脱去“火衣”，或就地打滚灭火。

（3）对已烧伤者，可浸沐在自来水或冷水中，以减轻损害和疼痛。然后用消毒敷料或清洁衣服、被单简单包扎，以防感染。

（4）被强酸、强碱灼烧，应立即用大量清水冲洗，然后包扎。

8.2.7 眼部伤害处理

处理方法是：

（1）角结膜异物处理。当异物在表面时，可用清洁手帕将其揩去，如有困难，则应立即就医。

（2）眼部灼烧处理。这是指强酸、强碱、高热的蒸汽或液体等冲溅到眼部而引起的灼烧。简易冲洗方法是将患眼用手撑开，把面部浸入清水中，头使劲摇动，洗去化学物质，越快越好，越彻底越好。冲洗时间不低于10min，然后将伤员送往医院继续治疗。

8.2.8 化学中毒处理

处理方法是：

（1）戴好防毒面具后，迅速将中毒者撤离现场，脱去污染衣服。

（2）如毒物污染眼部、皮肤，应立即冲洗。

（3）松开领扣、腰带，呼吸新鲜空气。

（4）静卧、保暖。

（5）对口服中毒者应设法催吐。简单有效的方法是用手指刺激舌根；对腐蚀性中毒者可口服牛奶、蛋清、植物油等。

（6）化学中毒常伴有休克、呼吸障碍和心脏骤停，应实行复苏术，即人工呼吸和心脏按摩，同时针刺人中穴。

（7）在护送去医院途中，应保持伤员呼吸畅通。将头部偏向一侧，避免咽下呕吐物。取下假牙，舌头拉出引向前方，以防窒息。

下篇　环境保护技术

9　概　　论

环境保护是我国的基本国策，环境污染治理技术是环境保护的核心。当今世界，不同国家、不同民族对保护资源和环境、实施可持续发展、保护人类家园方面都能形成高度广泛的共识。资源短缺、环境污染和生态恶化已经成为当前各国政府面临的重大问题。

9.1　污染物及其来源

人们在生产、生活过程中，排入大气、水、土壤中并引起环境污染或导致环境破坏的物质，称为环境污染物。当前主要的环境污染物及其来源有以下几个方面。

9.1.1　生产性污染物

工业生产所形成的“三废”，如果未经处理或处理不当就大量排放到环境中去，有可能造成生产性污染物。

9.1.2　生活性污染物

粪便、垃圾、污水等生活废弃物如处理不当，也是污染空气、水、土壤及其孳生蚊蝇的重要原因。随着人口增长和消费水平的不断提高，生活垃圾的数量大幅度上升，垃圾的性质也发生了变化，如生活垃圾中增加了塑料及其他高分子化合物等成分，给无害化处理带来了很大困难。粪便可用作肥料，但如果无害化处理不当，也可能造成某些疾病的传播。

9.1.3 放射性污染物

对环境造成放射性的人为污染源主要是核能工业排放的放射性废弃物，医用及工农业用的放射源，核武器生产及试验所排放出来的废弃物和飘尘。放射物质的污染波及到空气、河流或海洋水域、土壤及食品等，可通过各种途径进入人体，形成内照射源，工业生产中应用的放射源还可使人体处于局部或全身的外照射中。

9.2 产生污染的原因

环境污染按其成因可分为自然污染和人为污染。大工业的产生，科学、工业、交通的迅猛发展，工业过分的集中，城市人口的密集，使得人为的环境污染显得愈来愈突出，成为当今污染的主要成因。产生污染的具体原因有以下几个方面：

（1）自然资源（包括能源）的利用不合理。造成污染的根本原因是由于工业产品在生产和消费过程中生成的废料和废品介入环境，这是引起资源耗竭的重要原因。要解决工业污染必须与减缓资源耗竭联系起来，应减少乃至消除废料，实现循环经济，使原料得到充分合理的利用。

（2）工业和城镇建设的布局不合理。在正常情况下，环境有一定的自净能力。污染物进入大气时，可通过扩散、稀释、转移、重力沉降（“干降”、“湿降”）等作用；污染物进入水体时，可通过稀释、混合、沉淀、氧化还原、中和、吸附以及微生物的降解、分解、转变等作用；污染物进入土壤时，可通过土壤本身的氧化还原、缓冲、离子交换、过滤的作用，以及真菌细菌的还原、降解、转化、固定化，有机无机胶体的吸附、络合、沉淀，植物根系的吸收、转化、合成等作用，使环境得以自然净化。但由于工业集中，人口密集，人为排出大量的污染物，自然净化就困难得多。相反，工业布局分散，人口适当，污染物量小，就易于自然净化。另外，厂址选择要考虑地形，如山区建厂易形成逆温层，会使烟雾废气无法扩散稀释。又如，工厂应设在主导风向的下风向，河流的下游，可减少废气、废水对居民的危害，居民生活区还应与工厂有一定间距。绿化造林，也能减轻污染的危害。

(3) 对国家的法规条例和标准执行不力。环境法规是根据经济发展和环境保护的要求制定的，是应用经济手段管理环境的一类法律文件。如奖罚规定，排污收费，对利用“三废”进行生产的产品价格税收的照顾，每一项环境质量标准，污染物的排放标准都体现着经济与环境问题。新建项目要有环境影响评价报告，要实现“三同时”等。只有通过一套完整的法规、标准的制定和执行，才能使经济效益和环境效益相统一。

(4) 对发展生产和保护环境的关系处理不当。如果只考虑发展生产或只重视经济效益，不顾保护环境，不处理“三废”，任意排放，环境就很容易被污染，影响、危害人体健康和破坏生态平衡。实际上这样最终也不可能持续发展生产，不能有持久的经济效益。到了污染严重时再想要治理，其难度就更大。

此外，还由于目前的科技水平、经济能力有限，以及工作的失误等原因造成的污染。目前环境污染主要来自工业污染物：

1）原料的提取或利用不完全，化学反应不彻底，会产生未被提取的、未被利用的和没有发生反应的废弃物；

2）原料中的杂质，化学反应的副反应，往往会成为废物或产生废物；

3）石化燃料的燃烧会产生烟尘废气；

4）工业中常产生含有大量废热以及含有加入的防腐剂、杀藻剂的冷却水；

5）生产工艺过程中的事故及跑、冒、滴、漏等会产生废物；

6）生产中的消耗废物，如废轮胎、报废机器设备、管道、阀门、塑料制品、过时的建筑件以及废催化剂、废溶剂、废吸附剂等；

7）产品本身在使用过程中以及使用后也会产生危害人体健康，影响生态平衡的物品，如氟氯烃、多氯联苯、有机农药、含铅汽油、农用薄膜、洗涤剂等。

以上这些工业废物及生活废物会污染环境，工厂废水（及生活污水）排放江河湖泊后造成水体污染，各种烟尘废气排入空中造成大气污染，农药化肥、污水灌溉造成土壤污染，进而造成粮食及各种食品污染。

经过40多年的艰苦努力，我国资源和环境的法律法规已初成体系，资源和环境保护工作取得了明显成效。但也应当看到，我国环境保护工作仍任重道远。做好环境保护工作，实施可持续发展战略，是经济发展规律和自然环境规律的内在要求，更是大力推进我国社会主义现代化进程的要求。

9.3　污染物的分类及其特点

污染物有很多种，同时也有多种分类方法，如表9-1所示。

表9-1　污染物的分类方法及其特点

分类原则	类　型	内　容	特　点
按污染物的属性分	物理污染物	噪声、热、放射性、电磁波	有害能量
	化学污染物	有机物、无机物	有害化学物质
	生物污染物	病菌、病毒、霉毒、寄生物	有害有机体及其产物
按污染物成分所呈的物理状态分	废　气	烟　尘	流动性高，扩散性大，通过大气布及地方、区域或全球
		黑　烟	危害作用受气象条件、地形地貌的影响
		臭味气体（H_2S、NH_3、酚、硫醇），刺激性气体（SO_2、HF、酸雾、碱雾）	
		有毒气体（CO、Cl_2、汞蒸气、铅蒸气、含镉与砷的粉尘）	
		放射性气体	
	废水（污水）	有机物	流动性高，扩散性大，通过河流海洋布及地方、区域或全球

续表 9-1

分类原则	类 型	内 容	特 点
按污染物成分所呈的物理状态分	废水（污水）	无机物	品种多，成分杂，数量大
		有毒物	可通过食物链浓缩富集，危害性增大
		悬浮物	
		含热能废水	
		有色、臭味的污染物	
	固体废物（废渣）	矿冶废渣	呆滞性大，扩散性小，没有水、大气、土壤媒介无法污染环境
		工业垃圾	品种多，数量大，应提倡资源化、能源化
		生活垃圾	部分固体或废物只是固体的外形，内装有危险性液体、气体废物，如果失控则有危险
按污染物的环境要素分	大气环境污染物	粉尘微粒	特点同废气
		含硫化合物	
		含氮化合物	
		氧化物	
		卤化物	
		有机化合物	
	水环境污染物	无机无毒物	特点同废水
		无机有毒物	
		有机无毒物	
		有机有毒物	
		其他污染物	
	土壤污染物	各类农药、化肥等	特点同固体废物

9.4 有色金属环境污染

我国有色金属工业早已形成了一个独立完整的有色金属工业经济体系。但过去由于资源过度开发利用，工业规模小，综合技术水平较低，能耗大，再加上资源综合利用程度低，环境污染和生态破坏比较严重。从20世纪80年代以来，我国有色金属工业强化了污染防治，取得了明显的成效。建造废水处理装置、废气处理装置、固体废物处理和综合利用装置2800余套，在确保有色金属工业产量大幅度增长的前提下，使主要污染物排放量得到基本控制，有些污染物排放量呈下降趋势。

相对而言，铝加工业的环境污染在有色金属工业中是较小的。但与国外铝加工业相比，由于生产技术落后，设备老化相对严重，加上资源的再生利用率低，还是造成了现在这种高能耗、高材耗、高污染的局面。

在铝加工生产中，熔炼与铸造过程会产生工业废气、铝灰废渣。板材轧制压延过程会产生含油、酸碱蚀洗等工业废水和油雾、酸碱雾等工业废气。挤压、锻造过程会产生工业废气和噪声，型材加工过程会产生氧化着色工业废气和废水。粉材加工过程会产生工业粉尘，铝材铣面、锯切加工过程会产生工业废水和废气，以及工业锅炉、窑炉会产生工业废气、烟尘、锅炉灰渣等污染物，它们都对环境造成严重的污染。应当看到，经过40多年环境保护的发展，大部分工业污染物得到了较好治理和控制，还有一些污染物也在治理和研究探索之中。况且当今世界范围内，工业污染防治的内涵不再仅仅是“三废”的末端治理，现已拓宽和延伸到产品原料、生产工艺、综合利用、循环经济等多层次、多领域的全过程污染控制，可以说环境保护已进入了社会、人口、资源与环境协调发展的新阶段，进入了国民经济可持续发展的新纪元。

10 铝加工中污染物的主要来源及其危害

国内铝板带材、箔材、管棒型线材、模锻件的主要生产工艺流程和加工过程中产生的主要污染因素分析如图 10-1 所示。

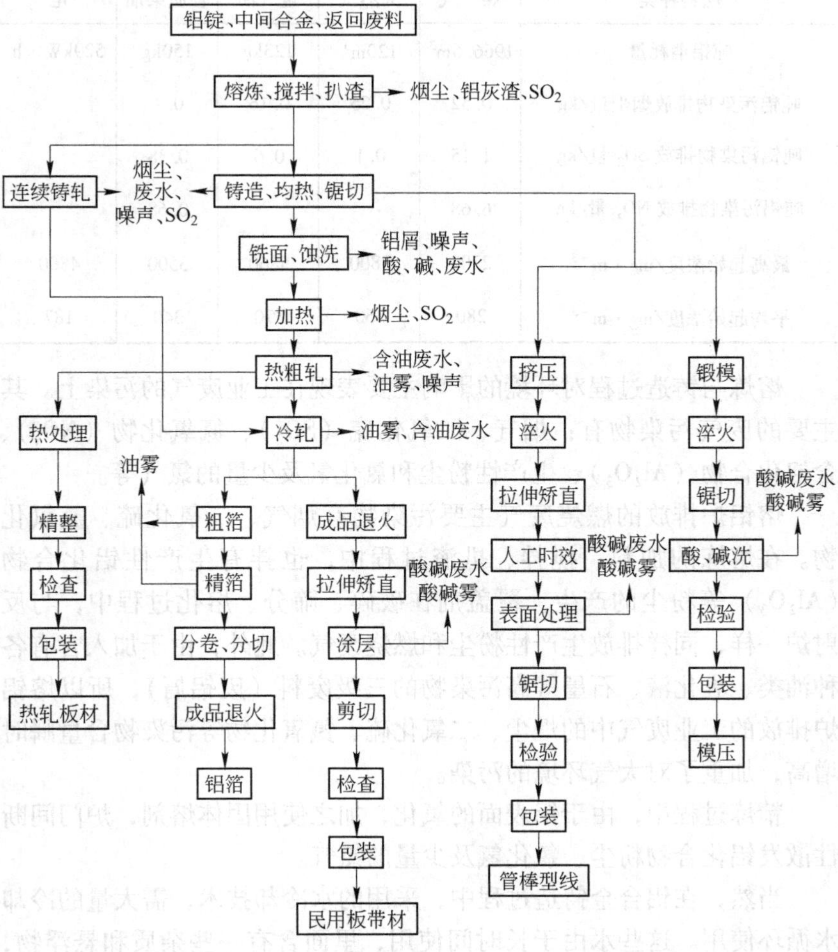

图 10-1 铝加工生产工艺流程与污染因素分析

10.1 熔炼与铸造中污染物的主要来源

从国内几个大型铝加工企业几十年生产情况统计来看，熔炼过程使用的燃料不同，各种燃料消耗、单位污染物排放量及起始浓度也不一样，具体情况见表10-1。

表 10-1 铝熔炼过程中的燃料消耗、单位污染物排放量及起始浓度

燃料种类	煤 气	天然气	重 油	轻质柴油	电
吨铝消耗量	1966.6m^3	120m^3	123kg	150kg	520kW · h
吨铝污染物排放烟尘量/kg	0.52	0.25	0.16	0.1	
吨铝污染物排放 SO_2 量/kg	1.15	0.1	0.6	0.38	
吨铝污染物排放 NO_x 量/kg	6.68			0.68	
最高起始浓度/mg · m^{-3}	2700	3800	5860	3500	4800
平均起始浓度/mg · m^{-3}	280	360	370	340	187

熔炼与铸造过程对环境的影响主要表现在工业废气的污染上。其主要的废气污染物有：烟气、二氧化硫（SO_2）、氮氧化物（NO_x）、含铝化合物（Al_2O_3）、生产性粉尘和氯化氢及少量的氯气等。

熔铝炉排放的燃烧废气主要污染物有烟气、二氧化硫、氮氧化物。在熔炼的加料、搅拌、扒渣过程中，也拌有生产性铝化合物（Al_2O_3）等粉尘的产生。覆盖剂在破碎、筛分、熔化过程中，与反射炉一样，同样排放生产性粉尘和燃烧废气。此外，由于加入含有各种油类、乳化液、石墨等高污染物的三级废料（废铝屑），所以熔铝炉排放的工业废气中的烟尘、二氧化硫、氮氧化物等污染物含量瞬时增高，加重了对大气环境的污染。

精炼过程中，由于铝表面的氧化，加之使用固体熔剂，炉门间断性散发铝化合物粉尘、氯化氢及少量的氯气。

当然，在铝合金铸造过程中，采用的水冷却技术，需大量的冷却水循环使用。这些水由于长时间使用，里面含有一些杂质和悬浮物，定期排放时会对水环境造成一定的污染。

10.2　板带材轧制中污染物的主要来源

10.2.1　铣面

润滑铣面的润滑剂多采用乳液，浓度一般为2% ~10%。乳液在循环使用一段时间后要报废排放。废乳液属危险废物，会对环境造成污染。

10.2.2　蚀洗

铸锭、铸块的蚀洗过程，一般是先用浓度为10% ~20%、温度为60 ~80℃的氢氧化钠（NaOH）溶液脱脂，冷水冲洗后，再经20% ~30%的硝酸溶液中和，最后经热水冲洗干净。蚀洗过程产生的漂洗废水，其pH值一般为6 ~8。但酸、碱液在使用过程中会排放酸雾和碱雾，对大气环境造成一定的污染，且使用一段时间（6个月左右）后会因杂质含量过高而报废。废酸、碱液属危险废物，直接排放对水环境有较大污染，对排水设施也有腐蚀作用。

10.2.3　热轧

乳液是常用的冷却润滑剂，其浓度一般为2% ~8%，使用时间一般为3 ~6个月。轧制中乳液遇到高温铸块和轧辊会产生较大油雾烟气，对大气造成一定污染。乳液循环使用一段时间后报废，直接排放会对水环境造成污染。

10.2.4　冷轧

常用的冷却润滑剂是由基础油加1% ~10%添加剂混合而成的。基础油主要由饱和烃、环烷烃、芳香烃及少量烯烃组成。添加剂主要是长链的脂肪酸、脂、醇。冷轧时会产生大量的油雾烟气（主要是煤油挥发的产物），会对大气造成较大的污染。另外，轧制油在使用一定时间后报废，废油属危险废物，直接排放同样会对环境造成严重污染。

10.2.5 退火与淬火

目前国内铝加工生产过程中的产品中间退火和成品退火都使用电炉，因此，退火炉工业废气一般不治理就直接排放。

使用空气淬火炉淬火一般不会对环境产生影响。如果使用盐浴炉（硝石）淬火，淬火后经过酸、碱蚀洗，蚀洗工艺产生的酸、碱工艺废气及废酸、碱液直接排放，会对环境造成一定的污染。

10.3 铝箔轧制中污染物的主要来源

目前，在工艺上根据铝箔用途不同，将轧制油分为两类。一类是低速轧制用的高黏度轧制油，主要由基础油（多用20号工业油）和添加剂（多用透平油、高速机油、火油等）组成。另一类是高速轧制用的低黏度轧制油，也是由基础油和添加剂组成。现在，用煤油作低黏度轧制油有了很大改进。添加剂主要是醇、脂和脂肪酸。轧制过程中轧辊和箔的摩擦会产生大量铝粉，使轧制油变黑，污染轧制油，因此需要全程过滤。但轧制油使用到一定程度后仍要报废，直接排放会对环境造成严重污染。轧制过程中也会产生油雾，但油雾浓度较低，基本在30mg/m^{3}以下。因此，一般对铝箔轧制时产生的油雾不进行治理而直接排放。

10.4 管、棒、型材挤压中污染物的主要来源

10.4.1 挤压

不管是水压机还是油压机，在型、棒材生产过程中基本不产生环境污染。而在管材热挤压时，常在挤压模表面涂抹薄薄一层润滑剂。润滑剂主要由60% ~80%的汽缸油和40% ~20%的石墨组成。挤压时有少量废气排出，但对车间和大气环境基本不造成污染。

10.4.2 蚀洗

管、棒材蚀洗时，先在浓度为170 ~200g/L、温度为50 ~70℃的氢氧化钠（NaOH）碱溶液中进行，再在浓度为200 ~500g/L的常温

硝酸溶液中进行浸洗，温水漂洗后干燥。酸、碱溶液在使用一段时间后报废，直接排放会对水环境造成污染。在酸、碱洗过程中，酸、碱槽产生的酸雾和碱雾也会对车间和大气环境造成污染。

10.4.3 型材氧化着色处理

在型材的氧化处理中，无论是化学氧化处理还是阳极氧化处理，都要使用大量的酸液和碱液。化学氧化使用较多的是碳酸钠、铬酸钠、重铬酸钠、铬酐、磷酸、氢氧化钠等。常用的阳极氧化电解液有硫酸、草酸、铬酸和某些有机酸等。而着色的方法有电解着色、化学着色和自然着色等，这些年又发展了静电喷涂着色。电解着色中主要使用无机盐电解质，如镍盐、锡盐、钴盐和铜盐等。化学着色则使用吸附性染料，如草酸高铁铵、高锰酸钾与醋酸钴等。不管采用什么样的氧化着色工艺，水洗生产过程中都会排放出酸碱废水或含铬废水，产生一定的酸雾和碱雾。采用的氧化着色槽液在使用一段时间后就会报废，产生大量的酸碱废液、含铬废液及着色废液。这些污染物直接排放都会对环境造成污染。

10.5 锻件生产中污染物的主要来源

在模锻铝合金时，型槽必须使用润滑剂润滑。目前常用的是由石墨与锭子油或汽缸油混合而成的润滑剂。由于模锻前坯料加热温度一般为300～500℃，因此模锻时热坯料与润滑剂模压产生大量的烟气，其主要污染物是一氧化碳（CO）、二氧化碳（CO_2）和氮氧化物（NO_x），对车间环境造成污染，排入大气也对大气环境造成污染。锻件在终锻之前都要进行清洗，常用的方法是蚀洗。即先在温度为50～70℃、浓度为10%～20%的氢氧化钠（NaOH）碱槽中进行脱脂，冷水冲洗后，再在浓度为10%～30%的硝酸（HNO_3）酸槽中中和，最后经冷水、热水冲洗干净。冲洗过程中的漂洗水pH值为6～8，可直接排放。而酸、碱槽液在蚀洗一段时间后，杂质含量超标报废，直接排放会对水环境造成污染。此外，酸、碱槽液在生产过程中会产生硝酸雾和碱雾，直接排放同样会对大气环境造成污染。

10.6 粉材生产中污染物的主要来源

铝粉和铝合金粉主要是采用雾化法、球磨法和铣削法制取的，生产工艺流程见图 10-2。

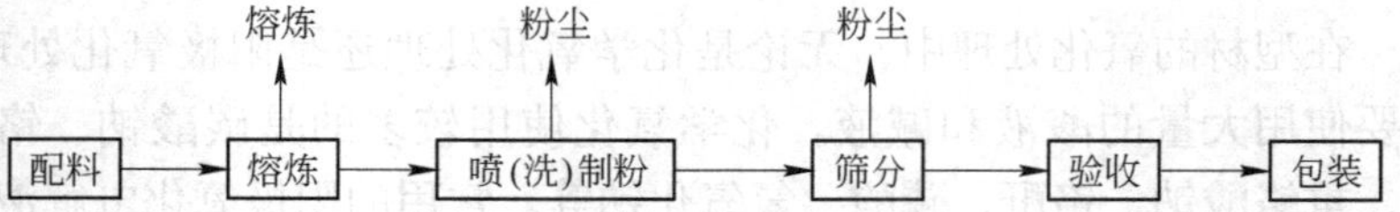

图 10-2 粉材生产工艺流程及污染分析

在雾化法和球磨法制取过程中，为防止铝粉氧化并大量放热造成急剧燃烧爆炸，必须以氮气作保护气体正压保护。但排氮管最后排放口带有大量的铝及铝合金粉尘，直接排放会对大气环境造成粉尘污染。

10.7 污染物的主要危害

工业废水排入水体，工业废气排入大气，废水、废气中的污染物通过各种途径进入水体、土壤和作物中，并通过呼吸、皮肤接触进入人体，都会对生态环境和人体健康产生危害。

漂浮在水面上的油会隔绝空气，降低水中的溶解氧、黏附于水生生物体表和呼吸系统，致其死亡。沉积于水底的油经过厌氧分解将产生硫化氢剧毒物。

水受到酸、碱污染后，其 pH 值将发生改变，pH 值超出 6.5 ~ 8.5 的范围，可影响水体的自净过程，并影响到水生生物的生存。

有机物污染越严重，水中氧消耗就越多，造成水中溶解氧含量降低，影响鱼类生存，同时还使水体“富营养化”。

六价铬含量达到一定程度将对水体自净产生不良影响，对鱼类有毒害作用，甚至可致鱼类死亡；铬化合物对农作物、蔬菜及谷物等的生长有刺激作用，可能导致旱作物出现严重萎缩病或抑制作物生长。

二氧化硫具有强烈的刺激性，人体大量吸入可致肺水肿。国内调查资料表明，二氧化硫在空气中的平均浓度达到 $50mg/m^3$ 以上时，接触这种气体的人员大多可患鼻炎、牙酸蚀等疾病，同时出现全身不良反应。除对人体健康的危害外，对建筑物与金属材料和农林水产都会产生很大影响。二氧化硫还是形成酸雨的主要物质之一。

氮氧化物中，二氧化氮毒性较大，主要对人体呼吸器官有刺激作用，可引起肺水肿，连续接触 $9mg/m^3$ 以上浓度的二氧化氮时，可导致肺部受损及出血。除对人体健康的危害外，氮氧化物与碳氢化合物反应形成光化学烟雾，与二氧化硫的干沉降，会造成水体和土壤酸化，也是形成酸雨的主要物质之一。

氯气是刺激性气体，主要损害人体上呼吸道及支气管黏膜，引起慢性和急性中毒，高浓度的氯气可引起肺水肿，其浓度为 $0.11 \sim 6.56mg/m^3$ 时，接触人员的支气管炎、慢性鼻炎及咽炎发病率较高。

氯化氢是具有强烈刺激性的气体，主要通过呼吸道进入人体，能引起慢性和急性中毒，氯化氢浓度为 $3.4 \sim 21mg/m^3$ 时，大部分接触人员会发生黏膜刺激症及牙酸蚀症。

二氧化碳有透过太阳短波辐射，阻止地表面向上发射长波辐射的特性，形成温室效应，使气候、生态环境发生较大的变化。

人体长期吸入铝化合物粉尘，可引起铝肺。当铝化合物粉尘浓度为 $4mg/m^3$ 以上时，接触人员中大部分会出现肺纹理增强症状。

11　铝加工污染治理技术

11.1　工业废水治理技术

11.1.1　废水治理程度分类

11.1.1.1　一级治理

一级治理是用机械方法或简单的化学方法，使废水中的悬浮态或胶体态物质沉淀下来，以及中和酸碱度等。一级治理是主要治理。

11.1.1.2　二级治理

二级治理主要是指好氧性生物处理，用来降解溶解性的有机污染物。一般能够去除90%左右的可被生物分解的有机物、90%～95%的固体悬浮物以及80%～95%的BOD。二级处理可以大大改善水质，甚至可使出水达到排放标准。

11.1.1.3　三级治理

三级治理又称深度处理，只在有特殊要求时才使用。它是将二级处理后的污水，再用物理化学技术进一步处理，以便去除可溶性的无机物，去除不能分解的有机物，最后达到工业用水或生活杂用水的水质标准。

废水的治理程度，决定着治理后污水的出路及再利用的情况。若废水纳入城市污水管网，一般着眼于一级治理或预处理。考虑到水资源的综合利用，最大限度地节约水资源，则应进行深处理并循环使用。

11.1.2　废水治理方法分类

11.1.2.1　物理治理法

这是用于废水一级治理或预处理的常用工业废水净化治理技术，主要用来分离废水中的悬浮物质。常用的物理治理方法有重力分离法、离心分离法和隔截过滤法等。

A 重力分离法

重力分离法是使废水中的悬浮物质在重力作用下与水分离的方法。当悬浮物的密度大于 $1mg/m^3$ 时，悬浮物就下沉，称为沉降或沉淀。在沉淀过程中，若悬浮物颗粒大小、形状不变的，称为自由沉淀；若悬浮物的颗粒大小、形状不断变化，则称为絮凝沉淀。当悬浮物的密度小于 $1mg/m^3$ 时，悬浮物就上浮，称为重力浮选。然而，对于呈乳化状态或密度接近于 $1mg/m^3$ 的悬浮物，难以自然沉降或上浮，必须依靠通入空气或进行搅拌，以形成大量气泡，将乳化微粒黏附带到水面，与水进行分离，这种强制上浮又称为气浮或浮选。在铝加工生产过程中产生的含油废水多是采用这种方法治理的。在废水治理过程中，经常利用沉淀作用进行分离废水中的悬浮性固体物。沉淀分离是一种极为重要且广泛应用的方法，几乎在任何废水处理过程中都不可缺少，有时甚至反复多次使用。

沉降类型分为四类：第一类是自由（或分离）沉淀。沉淀过程中，固体物的颗粒之间互不聚合、黏合或干扰，而是单独地进行沉降。因而颗粒物的物理性质（大小、形状、密度等）在此过程中均不发生任何变化。在废水中悬浮物的浓度不太高、颗粒多为无机物时常发生自由沉淀，如在沉淀池中，砂粒的沉降便是一种典型的实例。第二类是絮凝或混凝沉淀。此种类型废水中的悬浮物浓度虽不很高，但沉淀过程中悬浮物的颗粒却具有附聚、凝聚的性能，造成了颗粒的相互黏合，结成较大的絮凝体或混凝体，所以悬浮物颗粒及其沉降速度随着沉降深度增加而增加，因而增加了颗粒的沉降速度，初次澄清池中发生的沉降，便是其中的一个实例。第三类是拥挤沉降或浅层沉淀。当废水中悬浮物的浓度增加到一定程度（如活性污泥或化学凝聚污泥的浓度大于500mg/L）时，由于悬浮物浓度较高而发生颗粒间的相互干扰，造成沉降速度减小，甚至相互拥挤在一起，使悬浮物颗粒形成一种绒体状的大面积的沉降，并在下沉的固体层与上部的清液相层之间有明显的交界面。第四类是压缩沉淀。这种类型的沉淀多发生在沉淀下来的固体颗粒层中。如果废水中的悬浮物浓度过高，在上层颗粒的重力作用下，可将固体颗粒间的液体向上挤出，使固体颗粒间得到进一步的浓缩。

大部分的工业废水含有的无机或有机悬浮物可通过沉淀池实现沉淀，对沉淀池的要求是最大限度地除去废水中的悬浮物，以减轻其他处理设施的负担。沉淀池的工作原理是让废水在池中缓慢地流动，使悬浮物在重力作用下沉降。常见的沉淀池有沉沙池、沉淀池、斜板沉淀池。沉沙池作用是去除废水中密度较大的无机颗粒，如砂颗粒等，以保护水泵机件及管道免受磨损，并将无机颗粒和有机悬浮物分离开来。沉沙池常作为预处理的构筑物使用。沉淀池可分为平流式、竖流式、辐流式和旋流式四种基本形式。它们各具特点，可适用于不同的场合。如平流式池，构造简单，沉淀效果好，但占地面积较大，排泥存在的问题较多；竖流式池，占地面积小，排泥方便且便于管理，但池深过大，施工困难，使池的直径受到了限制；辅流式池，最适合于大型水处理厂采用，有定型的排泥机械，运行效果较好，但要求较高的施工质量和管理水平。废水在沉淀池中停留时间为1～3h，悬浮物的去除率约为50%～70%。斜板沉淀池是将一组平行板或平行管相互平行地重叠在一起，以一定的角度安装在平流沉淀池中，水流从平行板或平行管的一端流到另一端，致使每两块板间或每一根方管都相当于一个很浅的小沉淀池。其优点是：利用层流原理，水流在板间或管内流动具有较大的湿润周边、较小的水力半径，对沉淀极为有利，大大增加了沉淀面积，提高了沉淀效率，缩短了颗粒的沉降距离，缩短了沉淀时间。废水经过沉淀池处理以后得到了一定程度的净化，但同时却产生了污泥或沉渣，从控制污染的需要出发，尚需对这些污泥或沉渣进行妥善的治理或处置。

重力分离法中另一主要方法是气浮法，其原理是在悬浊液的废水中，通入细小而均匀的气泡，使难沉降的固体颗粒物或细小的油粒等乳状物，黏附上许多气泡，成为一种絮凝体，借气泡上浮之力带到水面上来，形成浮渣或浮油而被排除。气浮作用的三个过程包括：气泡对悬浊液中的油类或低密度固体颗粒污染物的吸附；气泡上升时，被絮凝体结构所捕集；当絮凝体结构形成时，其中吸附有气泡。因此，气浮法可以从废水中分离出脂肪、油类、纤维和其他低密度的固体污染物。气浮法按气泡产生的不同方式，可分为鼓气气浮、加压气浮和电解气浮。产生的方法一般有两种：一是溶气法，将气体压入废水的溶气罐中，在水-气充分接触下，使气在水中溶解达到饱和度，故又称加压溶气气浮。二是散气法，主要采用多孔的扩散板曝气和叶轮搅拌产生气泡，因此气泡直径较大。

B 离心分离法

离心分离法是通过高速旋转的物体产生的离心力，将悬浮性物质从废水中分离出来。含油废水处理中的油水分离器就是采用这种方法制造的。质量大的悬浮固体颗粒受到较大的离心力作用而被抛到外侧，质量小的水受到较小的离心力作用而被留在内侧，然后通过不同的排放口引出，达到固-液分离的目的。

C 隔截过滤法

隔截过滤法是分离废水中悬浮污染物颗粒的最简单的方法，主要用于废水的预处理和一级处理。当废水通过一层或几层带孔眼的过滤装置或介质时，将大于孔眼直径的悬浮性颗粒物质截留在介质表面，从而使废水得到净化。目前在水处理中常用的介质有两类：一类是颗粒状材料，如石英砂、无烟煤、聚乙烯球等。另一类是多孔性介质，如格栅、砂滤、布滤、微孔管、反渗透和超滤等。特别是近年来超滤技术的迅猛发展，在水处理尤其是在中水回用技术上得到了越来越广泛的应用。

11.1.2.2 化学处理法

这是处理废水中溶解性或胶体性污染物质的一种常用方法。它主要是通过投入化学药剂或材料改变污染性物质的性质,使污染性物质与水分离。常用的化学处理法有中和法、混凝沉淀法和氧化还原法等。

A 中和法

中和法多用于酸碱废水、废液的处理。在铝加工生产中，酸碱废水尤其是废液是最大污染源之一，常用中和法进行处理。它主要是通过调节废水的酸碱度（pH 值），使其呈中性或接近中性而达标排放。处理过程中一般采用废酸中和碱性废水，采用废碱中和酸性废水，这样可降低处理成本。

B 混凝沉淀法

混凝沉淀法是工业废水处理中最普遍、最基本也是最常用的处理方法，它是通过向废水中投加某种化学药剂（水处理中称为混凝剂），使水中难以沉淀的溶解性或胶体性悬浮颗粒和乳化状污染物质失去稳定后，在互相碰撞中聚合成较大的絮凝体（水处理中俗称矾花），使之自然下沉或上浮而除去。为了使絮凝体增大稳定，除混凝剂外还适当加入少量的絮凝剂，以获得更佳的絮凝效果。在铝加工生产中产生的含油废水、一些含重金属离子的废水常用这种方法处理，这也是目前此类废水处理效果最好的方法之一。

C 氧化还原法

氧化还原法是在化学反应中，废水中的原子或离子失去或得到电子，导致化学价的升高或降低（污染性物质被氧化或还原），从而使有毒有害物质转化成无毒无害的新物质的废水净化处理方法。这种方法通常要借助于一些强氧化剂或强还原剂的作用来完成。

11.1.2.3 物理化学法

这种方法主要是用来分离废水中溶解的有害污染物质，回收有用的成分，使废水得到深度净化。常用的物理化学方法有吸附法、萃取法、电渗析法、电解法等。在铝加工生产过程产生的某些废水中，除吸附法有时使用外，其他方法目前还很少使用。

11.1.2.4 生物治理方法

这种方法主要是利用微生物具有氧化分解复杂的有机物和某些无机物，并能将这些物质转化为简单的物质，或将有毒物质转化为无毒物质的能力来处理工业废水的方法。利用微生物处理工业废水中的有机物具有投资少、效率高、操作稳定、运行费用低、出水水质好、污泥沉降性能好等优点。这种方法又分为好氧生物治理法、厌氧生物治理法两种方法。

11.1.3 含油废水的治理

铝加工业排放的废水主要是含油废水，而且都属石油类废水，排放浓度一般为每升几十到几百毫克，连续排放乳化液废水时浓度可高达每升几千毫克。污水排放的国家标准见表11-1。

表 11-1　污水综合排放标准（摘自 GB 8978—1996）

级　别	石油类 /mg · L^{-1}	COD /mg · L^{-1}	BOD_5 /mg · L^{-1}	SS/mg · L^{-1}	pH 值
一级	10	100	30	70	6 ~ 9
二级	10	150	60	200	6 ~ 9
三级	30		300	400	6 ~ 9

对于含油废水的处理，由于所含油的种类、性质、浓度的不同，处理的方法和流程也不尽相同。对于废水中的浮油，通常采取物理的方法和构筑物来分离处理，处理的方法较多，处理的效率也较高。而以分散油特别是乳化油形态存在于废水中的油，其处理方法较为复杂，效率也较低。尤其当废水中存在某种皂类等表面活性物质时，会在油粒表面形成一层界膜，使之带有电荷形成双电层而更加稳定。况且铝加工轧制用乳化液的配制，必须加入一定量的皂类物质，因此，这类含油废水的分离处理十分困难。

对于乳化油（液）的处理，主要是要破坏油粒的界膜（即双电层结构），使油粒相互接近而聚集成较大的油粒，易于浮到水面。在水处理中一般称破乳。

在铝加工的废水处理中，破乳效果的好坏将直接影响废水处理的最终效果，关系到其能否达标排放。目前常用的方法有以下几种。

11.1.3.1　高压电场法

利用电场力对乳化油粒的吸引和排斥作用，使微小的油粒在运动中相互碰撞，以达到破坏其界膜（双电层结构）的目的。高压电可采用交流、直流或脉冲电源。

11.1.3.2　药剂法

药剂法就是向乳化液中投入某种电解质破乳剂，破坏油粒的水化膜，压缩双电层，使油粒与水分离。药剂破乳又分盐析法、凝聚法、盐析-凝聚法、酸化法四种。表 11-2 列出了四种破乳方法的优缺点对比。

表 11-2 四种破乳方法的对比

方 法	盐析法	凝聚法	盐析-凝聚法	酸化法
药剂名称	氯化钙（镁）、硫酸钙（镁）、氯化钠	聚合氯化铝、明矾	氯化钙（镁）、硫酸钙（镁）、氯化钠、聚合氯化铝、明矾	废硫酸、废盐酸和石灰
投药量	一价药（3% ~ 5%）、二价药（1.5% ~2.5%）	0.4% ~1%	投盐 0.3% ~ 0.8%，凝聚剂 0.3% ~0.5%	6%
出水水质	清晰透明，含油量小于 20mg/L	清晰透明，含油量 15 ~50mg/L	清晰透明，含油量小于 20mg/L	清澈透明，含油量小于 20mg/L
油 质	清亮，棕黄	黏胶，絮状	稀糊状	清亮，棕红色
沉 渣	渣少，絮状	渣少，絮状	渣少，絮状	约 10%
优缺点	油质好，投药量高，水中含盐量大	投药量少，油质差，水分多，再生困难	投药量中等，破乳能力强，应用性广	水质好，含油量低，但沉渣多

对于铝加工中的热轧乳化液，更多的是采用盐析法进行破乳。而对于冷轧乳化液则采用酸化法进行处理，通过加入高浓度的酸破坏油粒的界膜，使脂肪酸皂变成脂肪酸而达到油粒聚集上浮分离的目的。目前药剂法在国内使用比较普遍。

乳化液经破乳后，废水中含油浓度仍然很高，尚不能达到废水排放标准，还需要排入下一个废水处理设施中进一步净化处理，如进行重力分离、气浮分离、过滤和吸附分离等。

图 11-1 为某铝加工企业在处理日含油废水排放量 8000t，废水含油浓度为 200 ~1000mg/L 时所采用的组合工艺流程。

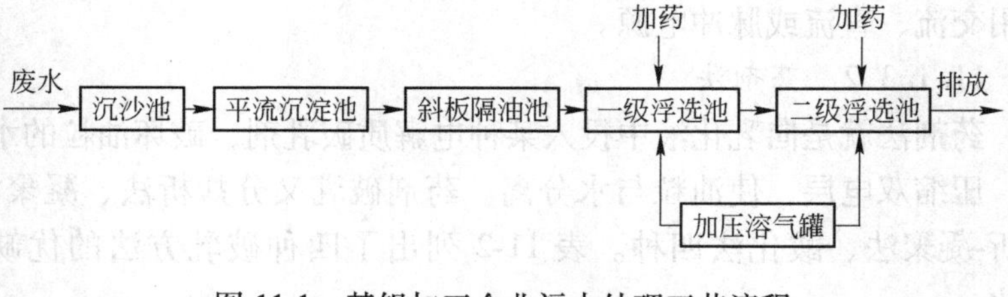

图 11-1 某铝加工企业污水处理工艺流程

首先将废水经沉沙池除去大固体颗粒物，然后进入平流沉淀池，使绝大部分浮油得以除去，再经过波纹斜板隔油池除油后，出水进入两级浮选池。浮选池采用50%加压溶气气浮，溶气罐压力为0.4～0.5MPa，50%的废水进入浮选池后投加碱式氯化铝混凝处理。经两级浮选处理后，废水基本上达到国家规定的排放标准。废水经各级处理设施后的处理效果见表11-3。

表11-3 含油废水处理效果

处理部位	主要污染物浓度/$mg \cdot L^{-1}$			
	石油类	COD	SS	pH值
废水总入口	200～1000	300～2000	300～2000	6～8
平流沉淀池	50～80	100～200	80～150	6.5～7.5
斜板隔油池	30～50	80～100	70～100	6.5～7.5
一级浮选池	10～20	50～80	30～70	6.5～7.5
二级浮选池	5～10	30～60	20～50	6.5～7.5

11.1.4 中水回用技术

在国家节能减排政策的指引下，中水回用和企业生产污水零排放技术得到了积极的采用和推广。中水回用不仅能够减轻污染，保护环境，还能为企业开拓廉价的水源，带来巨大的经济效益，做到经济与环境协调发展，进而实现可持续发展。

下面介绍某铝厂污水处理厂进水水质及回用水水质指标等情况。

进水来自厂区内工业废水，日处理量为6000t，水质指标如表11-4所示。

表11-4 污水处理厂进水水质指标

序 号	项 目	数值范围
1	pH值	6.5～9
2	石油类/$mg \cdot L^{-1}$	118
3	COD_{Cr}/$mg \cdot L^{-1}$	166～180
4	氨氮/$mg \cdot L^{-1}$	8

续表 11-4

序　号	项　目	数值范围
5	BOD_5/mg · L^{-1}	34.8 ~ 74.9
6	悬浮物/mg · L^{-1}	215
7	总硬度/mg · L^{-1}	5.95
10	Cl^-/mg · L^{-1}	30
11	总碱度/mg · L^{-1}	5.8

处理后一部分回用于锅炉补水，补水水量为 1300t/d；一部分回用于循环水补水，补水水量为 4700t/d。锅炉补水和循环水补水指标见表 11-5。

表 11-5　锅炉补水指标和循环水补水指标

指　标	锅炉补水	循环水补水
pH 值	6.5 ~ 8.0	6.5 ~ 8.0
SS/mg · L^{-1}	≤5	≤5
浊度/NTU	≤5	≤5
BOD_5/mg · L^{-1}	≤4	≤5
COD_{Cr}/mg · L^{-1}	≤5	≤30
Cl^-/mg · L^{-1}	≤30	≤30
氨氮/mg · L^{-1}	≤1	1
总硬度(以 $CaCO_3$ 计)/mg · L^{-1}	≤450	≤450
总碱度(以 $CaCO_3$ 计)/mg · L^{-1}	≤350	≤350
铁/mg · L^{-1}	≤0.3	≤0.3
锰/mg · L^{-1}	≤0.2	≤0.2
总磷(以 P 计)/mg · L^{-1}	≤1	≤1
溶解性总固体/mg · L^{-1}	≤1000	≤1000
游离氯/mg · L^{-1}	末端 0.1 ~ 0.2	末端 0.1 ~ 0.2
粪大肠菌群/个	≤2000	≤2000
油类/mg · L^{-1}	≤2	≤2

污水处理常用的方法有两种。

11.1.4.1 方法一

为实现中水回用，进而实现零排放，对于来自厂内的循环冷却水和生活污水，其水质、水量均比较稳定，经过格栅池后自流入地下污水调节池，由水泵经引水罐提升送到综合厂房的气浮系统。气浮系统的主要功能在于脱除水中的油，降低BOD和SS等。将空气溶解在水中产生微小的气泡，黏附在油珠上使水中的油、SS、BOD上浮形成油层，定时将油层刮至收集槽回收。该系统可称为一级处理。进入气浮系统前加入絮凝剂和助凝剂。气浮出水自流入BAF池的C/N池的集水池，然后用提升泵进入曝气生物滤池C/N池，该工艺是一种气水上向流的曝气充氧式生物滤池。它具有一定的抗冲击负荷，能够适应原水水质的变化，使处理水水质保持稳定。它可以进行单一和混合的工艺操作，如过滤、化学或生物反应等，并可以有效地用于以下几个方面：

(1) SS（悬浮物）的去除。

(2) BOD的减少（C）、COD的减少（C）。

(3) 硝化（N）和反硝化（DN），P的去除（P）。

对于低负荷的污水，曝气生物滤池具有较大的优势，本项目中采用二级滤池——C池和N池。C池出水自流入N池集水池再用提升泵送到N池，脱除水中的氨氮。

曝气生物滤池出水流入集水池，再次提升泵入纤维束过滤器过滤，降低浊度SS，然后进入活性炭吸附罐，吸附脱出水中的有机物后投加消毒剂流入接触清水池，达到回用水标准后备用，经供水泵供到用水点。

纤维球（束）过滤器具有过滤阻力小、节能、过滤精度高、截污容量大等优点，但纤维球滤料是纯纤维状滤料，纤维球内部（芯部）不易清洗干净，因而影响过滤效果；以长纤维束为滤料的过滤器在过滤操作时，需在短时间（一般为1min）内将滤层压缩至所需状态，否则易损伤纤维，同时会导致靠近活动支撑装置的纤维密度大于滤层主体密度的不利层态，在反冲洗过程中，滤层需在短时间（一般为1min）内彻底放松，否则易导致纤维束断裂，而且活动支撑装置上堆积的泥渣不易排出。

DA863 高效过滤器与砂滤器相比在同期产水量、截污能力、反冲洗耗水、剩余积泥率、反冲洗时间等方面具有优越性。两者的具体比较见表 11-6。

表 11-6 高效过滤器与砂滤器的比较

序号	项目		DA863 高效过滤器	砂滤器
1	滤料	同期产水量/$m^3 \cdot m^{-2}$	640 ~ 960	150 ~ 280
2		截污能力/$kg \cdot m^{-3}$	15 ~ 35	3 ~ 7
3		反洗耗水率/%	<1 ~ 2	2 ~ 5
4		反冲水洗时间/min	15 ~ 20	5 ~ 15
5		颗粒去除率/%	精度 >2μm 颗粒去除率大于 95	精度 >2 ~ 20μm 颗粒去除率为 65 ~ 90
6	滤器	滤速/$m^3 \cdot h^{-1}$	30 ~ 60	8 ~ 10
			DA863 过滤器滤速为砂滤器的 3 ~ 5 倍	
7		占地面积	DA863 高效过滤器的占地面积约为砂滤器的 1/2 ~ 1/3	
8		反冲洗耗水量	DA863 过滤器为砂滤器的 1/3 ~ 1/2 倍	
9		结 论	DA863 高效过滤器过滤速度、过滤精度等技术指标明显优于砂滤器，其性价比优于砂滤器	

DA863 滤料是国内某大学自主研制的新型功能过滤材料——彗星式纤维滤料，属于世界首创的分形结构滤料。该滤料将纤维滤料截污性能好的特征与颗粒滤料反冲洗效果好的特征相结合，在过滤过程中，滤床横断面孔隙率均匀性和纵断面的合理梯度变化可确保高速过滤和高精度过滤得以同时实现。同时在反冲洗时，通过气、水反冲洗，滤料在水中充分散开，滤料的密度不对称和相互碰撞使得附着在滤料表面的固体颗粒很容易脱落，从而保证了滤料的洗净度，并减少了反冲洗耗水量。DA863 高效过滤器具有以下特点：

（1）过滤精度高。对水中悬浮物的去除率可达 95% 以上，对大分子有机物、病毒、细菌、胶体、铁等杂质有一定的去除作用。

（2）过滤速度快。滤速一般为 30 ~ 50m/h，最高可达 60m/h，为普通砂滤器滤速的3倍多。

（3）纳污量大。一般为15～35kg/m³，是普通砂滤器纳污量的4倍多。

（4）反洗耗水率低。反冲洗耗水量小于周期滤水量的1%～2%。

（5）加药量低，运行费用低。由于滤床结构及滤料自身的特点，絮凝剂投加量是常规技术的1/3～1/2。随周期产水量的提高，吨水运行费用减少。

消毒系统采用二氧化氯。二氧化氯能直接氧化水中的腐殖酸类物质，不与其形成三卤甲烷等氯化物，大大减少消毒后水中的副产物含量。另外，二氧化氯在水中不发生水解，不与水中的氨氮反应，杀菌效力不受水中pH值和氨氮浓度的影响。能有效杀灭水中用氯消毒效果较差的细菌和孢子；其氧化能力是氯气的2.6倍。它不与酚反应生成具有怪味的氯代酚。

气浮池排出的污泥排至污泥浓缩池，与来自调节池的污泥混合后，经污泥泵送至带式压滤机进行污泥脱水处理。处理后泥饼外运。由于采用了曝气生物滤池技术，产生的污泥极少，因此不设污泥消化系统，直接脱水。

方法一的主要工艺流程如图11-2所示。经该工艺处理后的污水回用于循环水补水系统、生活杂用水系统及锅炉补水系统。

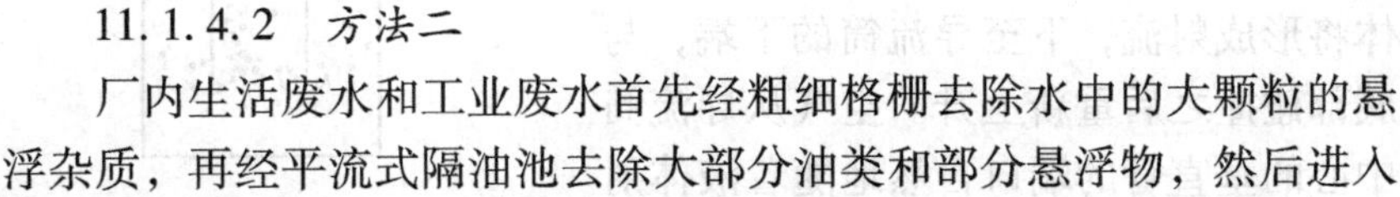

图11-2　方法一的主要工艺流程

11.1.4.2　*方法二*

厂内生活废水和工业废水首先经粗细格栅去除水中的大颗粒的悬浮杂质，再经平流式隔油池去除大部分油类和部分悬浮物，然后进入调节池，再提升至本工艺的核心处理单元——JIBR好氧活性污泥反应塔，去除污水中大部分有机物以及氮和磷等污染物。由于好氧出水中含有一定量的微小气泡影响污泥的沉降性能，因此在二沉池前设脱气池，二沉池出水中污染物和悬浮物的含量已经很小，优于国家一级排放标准。为达到污水回用的标准，向水中投加絮凝剂，在反应池形成大颗粒的絮体，再经快滤池进一步去除水的污染物，消毒后达到国家杂用水标准。

由于锅炉用水的标准较高，因此要将这部分水进一步深度处理，本方法在滤池出水处分流一部分水进入中间水池，再经提升进入活性炭纤维滤罐，出水达到锅炉用水标准。活性炭纤维滤罐使用一定时间后需进行再生，再生介质采用蒸汽。

二沉池的污泥一部分回流至 JIBR 好氧活性污泥反应塔，另一部分排入污泥浓缩池，浓缩的污泥与初沉池污泥一同进入贮泥池，然后用泵送至脱水机房内的污泥脱水机脱水，脱水后的污泥可作为土壤调节剂综合利用或直接填埋。浓缩后的上清液和脱水机的滤液由于悬浮物含量较高，因此将这部分水自流至调节池。滤池反洗水全部回调节池重新处理。栅渣直接外运至垃圾处理场。

喷射式内循环生物反应器（JIBR）是塔形构造，在反应器顶端有一个或多个气液两相喷嘴，反应器内部有一个或多个垂直的两端开放的导流筒。导流筒内形成内环反应区，导流筒外与反应器内壁之间的区域为外环反应区。在反应器上部安装有气液两相喷嘴。它是活性污泥法的一种全新高效运行方式。其结构见图 11-3。

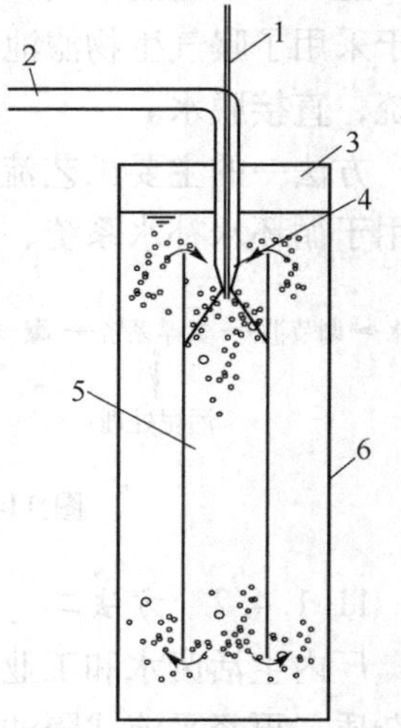

图 11-3 喷射式内循环生物反应器（JIBR）塔形构造
1—吸气管；2—进水管；3—集气室；4—两相喷嘴；5—导流筒；6—外套筒

在反应器内污水的处理途径是这样的：原废水和回流污泥通过循环泵移送到导流筒，这时导流筒内高速喷出的液体将形成射流，下至导流筒的下端，与底部碰撞之后重新上升。空气从导流筒中心的垂直管的端口自然地随着液体射流被吸入反应器内，形成微细气泡，同时在导流筒内液体射流将形成非常强的混流。到达反应器顶部后污水分为三部分：一部分反应后的污水被喷嘴再次吸入内管反应区循环；一部分被循环泵引入管道与新进入的污水混合再经喷嘴喷入；一部分在反应器的上部流出反应器。与氧传送效率小于 0.06kg/(m^3 · h)的传统活性污泥法曝气池不同，JIBR 氧传递效率可达到 0.5 ~ 3kg/(m^3 · h)，氧利用率可提高到 50% 以上。强的剪切紊流可促使氧与有机物、微生物之间的传质极大化，提高好氧微生物物质的代谢，JIBR 在很高的有机物（BOD）容积负荷（延时曝气法为 0.15 ~ 0.2kg/(m^3 · d)；接触氧化法为 0.8 ~ 1.4kg/(m^3 · d)；JIBR 为 5 ~ 30kg/(m^3 · d)）条件下，能够有效去除有机物。因此在高出 30 倍以上的容积负荷下对 BOD 去除率也可达 95% 以上，因此曝气池的占地面积减小了 90% 以上。

如图 11-4 所示的气液两相喷嘴是喷射式内循环生物反应器的核心部件。高速液体从两相喷嘴高速喷出，由两相喷嘴引入的液流在套筒内形成一个剪切区，在剪切区内由吸力吸进的空气被分散形成超细气泡（初级分散）。气泡粒径越小，越能有效地进行氧的传质。回流污泥中的生物菌团同时也被分解为薄膜，产生希望得到的液相与细菌之间的大的接触面，使被处理的污水真正地形成完全混合状态。气泡、废水和细菌薄膜的混合物沿导流筒向下流动，在反应器底部转向一起向上流过外套筒。在导流筒的上端一部分混合物由于两相喷嘴的抽吸作用再进入导流筒，气泡和细菌薄膜再次被分散（二次分散），从而提高了氧的利用速率。

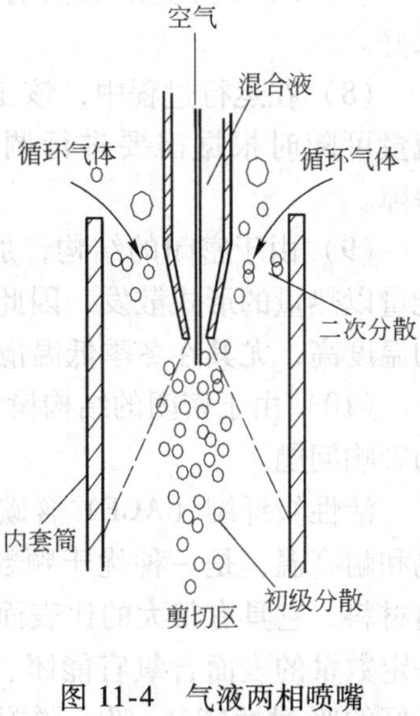

图 11-4　气液两相喷嘴的原理示意图

作为一项新近开发的水处理工艺，在污水处理领域能够很快得到应用，是由于该工艺技术具有以下独特的优势：

（1）融合了高速射流曝气、物相强化传递和紊流剪切等技术，传质效率高，水力停留时间短。

（2）对空气中氧的转化利用率高，容积负荷和污泥负荷都很高。

（3）由于系统设计紧凑，结构合理，加之反应器高径比大，有效利用垂直空间，因此系统占地面积小，基建费用省。

（4）喷射式内循环反应器内为完全混合型运行方式，抗冲击负荷能力强。

（5）反应器中用于污水处理的微生物菌胶团颗粒小，沉降性能好，因此固液分离效果好。

（6）反应器中微生物处于高度活跃状态，代谢速度快，因此剩余污泥产量低，仅为传统活性污泥法的40%～50%。

（7）JIBR 反应系统具有好氧脱氮除磷功能，N 和 P 的去除效果好。

（8）在运行过程中，该工艺的循环水量、辅助曝气量、污泥回流量可随时根据需要进行调节，因此操作简便灵活，处理效果有保障。

（9）由于密闭的结构，加之混合液在喷射过程中要产生一定的能量以热量的形式散发，因此 JIBR 反应器内的温度比其他处理方法的温度高，尤其在冬季低温情况下，受外界温度变化影响很小。

（10）由于密闭的结构设计和好氧状态，因此不存在臭气对环境的影响问题。

活性炭纤维（ACF）含碳量高，线膨胀系数小，耐酸碱腐蚀，导电和耐高温，是一种优于颗粒或粉状活性炭（GAC）的新型高效吸附材料。它具有很大的比表面积和外表面积、高度发达的微孔结构，一定数量的表面含氧官能团、吸附容量高（尤其对低浓度的物质有良好的吸附性能），吸、脱附效果好，脱附再生容易，在简单条件下，可完全脱附、反复使用，且不易粉化、不会产生二次污染，使用寿命长，易于加工成毡、丝、布等形状，成形性好，在使用中不会产生装填松动和过分密实现象。

活性炭纤维具有以下特点：

（1）吸附容量高、效果好。ACF 对汽油、醛类、醇类、酚类、烯烃等有机蒸气的吸附量比 GAC 高几倍甚至几十倍，对无机气体（如 NO、NO_2、SO_2、H_2S、HCl、NH_3、CO、CO_2 以及 HF、SiF_4 等）

有很好的吸附能力，对水溶液中的物质（如染料、苯酚、COD、BOD、油、挥发酚、硫化物、铁离子、贵重金属离子等）吸附量比GAC高得多，它对微生物、细菌也有优良的吸附能力。

(2) 吸、脱附速度快。ACF对气体的吸附一般在数十秒至数分钟内即可达到平衡，对液体的吸附达到平衡时，仅需几分钟至几十分钟。ACF的脱附也很容易，一般加热通水蒸气数分钟，吸附质即可脱去，而且控制一定时间和温度即可完全脱附。ACF具有电化学特性，可通电发热，使吸附能力基本恢复或完全恢复。ACF经过反复再生使用后其性能基本保持不变。

(3) ACF对低浓度吸附质的吸附能力特别优异。即使是1×10^{-6}数量级的吸附质也有很高的吸附量和吸附速度。

(4) 滤阻小。ACF体密度小，对吸附质过滤阻力小，可吸附黏度较大的流体物质，耗能少，不易产生漏吸现象，吸附层可做得较薄，不会产生蓄热或过热情形。

废水处理去除率预测见表11-7。

表11-7 废水处理去除率预测

处理单元	$COD_{Cr}/mg\cdot L^{-1}$		$BOD_5/mg\cdot L^{-1}$		$SS/mg\cdot L^{-1}$		油$/mg\cdot L^{-1}$	
	去除率/%	指标	去除率/%	指标	去除率/%	指标	去除率/%	指标
源水	166.4		83.2		215		118.1	
格栅	—	—	—	—	—	—	—	—
隔油池	20	133.12	—	83.2	40	129	85	17.72
JIBR反应塔+二沉池	80	26.6	90	8.3	80	25.8	70	5.32
反应池+快滤池	30	18.63	20	6.6	80	5.16	30	3.72
活性炭纤维滤罐	70	5.59	50	3.3	10	4.65	50	1.86
出水	96.6	5.59	96.0	3.3	98	4.65	98.5	1.86

11.1.5 酸碱废水（废液）的处理

无论什么样的酸碱废水、废液，目前在处理上大都以中和法为主，通过酸（碱）性废水中和碱（酸）性废水，废酸（碱）液中和废碱（酸）液。这种方法不仅处理成本低，而且效果也比较好。此外，还有一种方法就是酸碱废液回收法。从国外引进的铝材氧化着色工艺中，废酸、废碱都是采用此法处理。在回收法中，碱的回收是将碱液中的铝除去，使溶液重新得到利用。酸的回收是通过浓缩蒸发使硫酸铝结晶析出。现在主要介绍酸性、碱性废水和废酸、碱液处理的中和法的应用。

中和法处理酸性、碱性废水和酸性、碱性废液的工艺流程见图11-5。

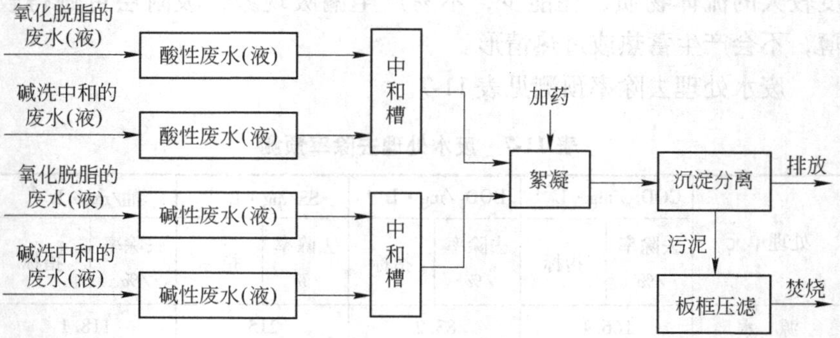

图 11-5 中和法处理酸性、碱性废水和酸性、碱性废液的工艺流程

在处理过程中，首先要将铝材氧化、着色和蚀洗中产生的酸性废水、碱性废水以及蚀洗一段时间后需要报废的高浓度废酸液、废碱液分别按规定的比例送入中和槽中，通过搅拌进行中和。中和过程中蚀洗产生的大量 Al^{3+} 与碱性溶液反应生成氢氧化铝凝胶。中和后再送入沉淀池，并向沉淀池投入少量的絮凝剂，使镁、铁等离子和氢氧化铝等形成较大的絮凝体，在沉淀池中沉淀。清水则从沉淀池上边槽中溢出，出水的水质其悬浮物浓度可小于 20mg/L，pH 值达到 6.5 ~

7.5 时可排放。而沉到池底的泥渣通过排泥管送入板框压滤机进行脱水处理，压出的干泥饼经焚烧后达到无害化排放。

11.1.6 含铬废水的处理

铬及其化合物在工业生产上的应用很广泛，特别是电镀行业，但污染十分严重。在铝加工业中使用的氧化上色和电镀液大都是铬酐与重铬酸钾等物质，同样产生大量的含铬废水和废液。总铬和三价铬均属一类污染物，国家污水综合排放标准（GB 8978—1996）规定：总铬小于 1.5mg/L，六价铬小于 0.5mg/L。

含铬废水的治理方法很多，主要有化学还原法、电解法、气浮分离法、离子交换法、吸附法和膜分离法等。但常用的还是化学还原法和电解法。

11.1.6.1 化学还原法

化学还原法是一种采用较早、处理方式简单有效的含铬废水处理方法。它主要通过向反应池加入某种还原剂，将废水中的 Cr^{6+} 还原成 Cr^{3+}，然后向沉淀池中投加一些碱性物质［如 $Ca(OH)_2$、NaOH 等］，使 pH 值在 8～9 的条件下，形成 Cr^{3+} 沉淀生成难溶于水的 $Cr(OH)_3$。沉淀物经板框压滤机脱水、干燥后送专业加工厂进一步处理。

随着废水治理技术的迅速发展，在化学还原法的基础上又发展了很多含铬废水治理方法。旋流化学一步法就是一个典型的实例。这种方法采用了水轮机“旋流”的原理，在反应器内安装了使废水产生旋流的叶片，使加入的药剂与废水充分接触，加快反应速度。旋流法的工艺流程如图 11-6 所示。

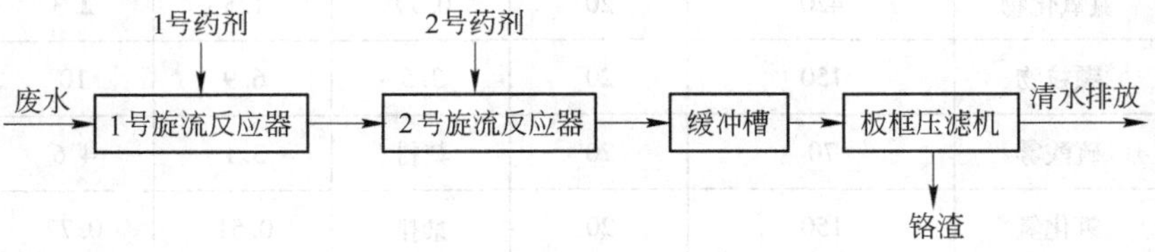

图 11-6 旋流化学一步法处理含铬废水工艺流程

11.1.6.2 电解法

电解法主要是采用普通钢板做阴阳极，在直流电作用下铁阳极不断溶解产生 Fe^{2+}，在酸性条件下将 Cr^{6+} 还原成 Cr^{3+}，阴极释放出来的 H^{+}，也将 Cr^{6+} 还原成 Cr^{3+}。电解过程消耗掉 H^{+}，使废水中 OH^{-} 增加逐步呈碱性，Cr^{3+} 生成稳定氢氧化物沉淀，出水达到国家排放标准。这种方法操作简单，占地少。但消耗电能多，运行费用较高，且处理水量的能力也较小，铬渣也没有很好的处理办法。

11.2 工业废气治理技术

凡各种工业生产过程中排放的含有污染物质的气体，都称为工业废气。通常，把工业废气按其状态分成两大类，一类是直接从生产装置中经过化学、物理和生物化学过程排放的气体，它既有有机污染气体，如烃类、苯类等，也有无机污染气体，如硫氧化物、氮氧化物、碳氧化物等；另一类是与生产过程有关的燃料燃烧、物料储存、装卸等过程中散发的气溶胶颗粒物，如油类颗粒物、矿物尘、氧化物粉尘等。在许多情况下，废气中既有气态污染物，又有颗粒物。这在治理上就增加了难度。

铝加工产生的工业废气主要有烟尘、粉尘等颗粒物废气和含酸、碱、油雾的工艺废气。工业废气污染物排放标准见表 11-8 和表 11-9。

表 11-8 现有污染源大气污染物排放限值（摘自 GB 16297—1996）

污染物名称	最高允许排放浓度 /$mg \cdot m^{-3}$	排气筒高度 /m	最高允许排放速率/$kg \cdot h^{-1}$		
			一级	二级	三级
二氧化硫	700	20	2.6	5.1	7.7
氮氧化物	420	20	0.77	1.5	2.3
颗粒物	150	20	3.5	6.9	10
硫酸雾	70	20	禁排	3.1	4.6
氯化氢	150	20	禁排	0.51	0.77
氯 气	85	20	禁排	1	1.5

表 11-9　工业炉窑大气污染物排放标准（摘自 GB 9078—1996）

污染物名称	炉窑类别	污染物排放浓度/$mg \cdot m^{-3}$		
		一级	二级	三级
烟（粉）尘	有色金属熔炼炉	100（禁排）	200 ~150	300 ~200
	加热炉	100（禁排）	300 ~200	350 ~300
二氧化硫	有色金属熔炼炉	850（禁排）	1430 ~850	4300 ~1430
	燃煤（油）炉	1200（禁排）	1430 ~850	1800 1200

11.2.1　颗粒物的基本治理技术

在工业废气中，颗粒物是最严重的污染源之一。通常将大于 10μm 的称为粗颗粒，小于 10μm 的称为细颗粒。其中，将长期在空气中悬浮而不下降的细颗粒称为飘尘。

11.2.1.1　颗粒物的特性

A　粉尘颗粒的粒径分布

粉尘颗粒大小不同，其物理、化学性质也不同。粉尘的粒径分布是指粉尘中各种粒径的尘粒所占质量或数量的百分数，详见表 11-10。作为除尘的主要对象，其粉尘粒径一般为 0.1 ~100μm。

表 11-10　粉尘颗粒按粒径分布的分布率　（%）

粒径/μm	铝熔化炉	锅　炉
≤1	72.5	2
1 ~30	14.9	48
>30	12	50

B　粉尘的密度

粉尘的密度分为真密度 ρ_P 和堆积密度 ρ_B。两者的关系为：$\rho_B = (1-\varepsilon)\rho_P$，见表 11-11。粉尘真密度的大小与沉降速度、磨损性和除尘器的除尘效率有关。粉尘的堆积密度是指粉尘在自然状态下单位体积粉尘（包括尘粒之间和尘粒之中全部孔隙在内）的质量。它是灰斗和运输设备设计的依据。

表 11-11 两种粉尘密度的对照

粉尘密度	$\rho_P/g\cdot cm^{-3}$	$\rho_B/g\cdot cm^{-3}$
铝熔化炉	3	0.3
锅　炉	2.1	0.7

C 粉尘的爆炸性

当粉尘的表面积增大时，其化学活性会迅速增强，在一定温度和浓度条件下，某些在堆积状态下不宜燃烧的可燃粉尘可能发生爆炸。铝粉末的爆炸浓度下限为58.0g/cm³。

D 粉尘的比电阻

粉尘的比电阻一般通过实测得到。颗粒很细的粉末，希望通过电除尘器来净化。一般认为最适合于电除尘器工作的粉尘比电阻为0.01～50000MΩ·cm。为了使比电阻高的粉尘适合于电除尘器进行净化，要求对含尘气体进行预处理，以降低比电阻。通常采用加湿或化学添加剂等方法。

铝熔化炉所产粉尘的比电阻一般为0.2～0.9GΩ·cm；干燥时为486～546GΩ·cm。

E 粉尘的亲水性

铝粉自身亲水性不强，但在熔化过程中，烟气所产生的含湿量使得含铝粉尘表面具有一定的水分，烟气温度从高温降低到一定温度时，会产生覆盖剂盐类结露，而使粉尘相互黏结，当采用袋式收尘器过滤时，处理不当会黏结在滤袋上，使阻力增大，影响除尘效果。

11.2.1.2 除尘方法分类

大气中颗粒物的治理实际上就是一个固-气相混合物的分离问题。通常把固体粒子从气体介质中分离出来的气体净化方法称为除尘。除尘法是一种物理分离方法，按颗粒物的不同特性可分成几种不同的除尘方法。利用颗粒物的重力、惯性力、离心力进行分离的方法称为机械除尘法，主要采用单管旋风除尘器、多管旋风除尘器、重力沉降室等。利用固体粒子的尺寸和质量的差异，通过过滤介质进行过滤的方法称为过滤法，主要采用布袋除尘器、颗粒层除尘器等。利用某些固体微粒子的荷电性、比电阻在高压电场内产生静电力进行分离的方法称为静电除尘法，主要采用干式静电除尘器、湿式静电除尘器等。利用湿式洗涤进行分离的方法称为湿式除尘法，主要采用水膜除尘器、喷雾除尘器、文丘里洗涤器等。各类除尘器的性能见表 11-12。

表 11-12　除尘器的分类及性能

除尘方法	设备形式	阻力/Pa	除尘效率/%	设备费用
机械除尘法	单管旋风除尘器	400 ~ 800	50 ~ 80	低
	多管旋风除尘器	800 ~ 1500	80 ~ 95	中
	重力沉降室	50 ~ 150	40 ~ 50	低
过滤法	布袋除尘器	400 ~ 1500	80 ~ 99.5	较高
	颗粒层除尘器	800 ~ 2000	85 ~ 99	较高
静电除尘法	干式静电除尘器	100 ~ 200	80 ~ 99.5	高
	湿式静电除尘器	100 ~ 200	80 ~ 99.5	高
湿式除尘法	水膜除尘器	500 ~ 1500	85 ~ 99	中
	喷雾除尘器	100 ~ 300	75 ~ 95	中
	文丘里洗涤器	500 ~ 10000	90 ~ 99.5	低

A　单管旋风除尘器

利用尘粒随烟气流旋转运动，借助于尘粒的离心力作用，使尘粒沿着圆筒壁切线旋转下降落入沉降斗，而净化后的气体通过筒体的中心排气管排出，达到尘粒分离的方法，称为旋风除尘。只有一个旋风子的，称为单管旋风除尘器，现已基本淘汰，或仅作为高效除尘的前置处理装置。

B　多管旋风除尘器

它是在单管旋风除尘器的基础上发展起来的一种效率更高的除尘设备（见图 11-7）。它的优越性主要是通过增加旋风子，使气体与尘粒同筒壁的接触面积大大增加，充分保证绝大部分尘粒都能受到离心力的作用。

目前市场上有两种多管除尘器，一种是高效陶瓷多管除尘器，另

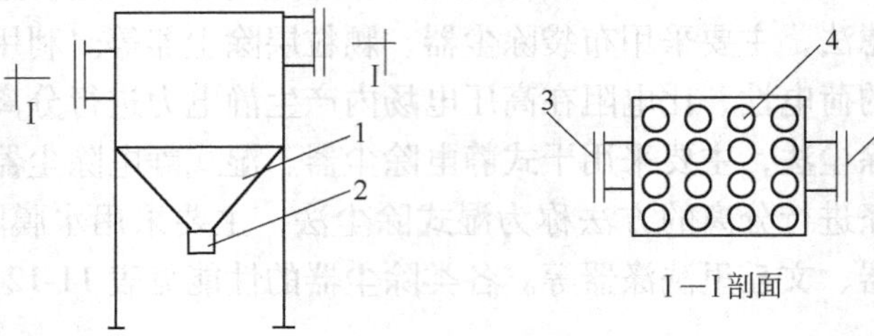

图 11-7 高效多管旋风除尘器结构

1—储灰斗；2—锁气器；3—烟气进气口；
4—旋风子；5—烟气出气口

一种是高效铸铁多管除尘器。对于锅炉、窑炉烟尘的治理，两种除尘器的效率都稳定在 90% 以上，除尘后的烟尘排放浓度一般不超过 $200mg/m^3$。

C 布袋式除尘器

布袋式除尘器是一种外滤式除尘装置，主要优点是：除尘效率高，能使 1μm 以上的粒子的除尘效率达到 98% ~99%；适应性强，不因为烟尘的含尘浓度和压力的变化而影响除尘效果；能耗低；维护简单；工作稳定，操作弹性大。其缺点是不宜用于吸湿性粉尘和具有爆炸危险性粉尘的除尘，占地面积也比较大。

铝加工中的熔化炉使用的燃料主要有油、天然气和煤气等。燃料燃烧排放烟气中的主要污染物颗粒较细，粒径一般不超过 20μm，治理难度相对大一些。因此常采用布袋式除尘器除尘的治理方法，详见 3.2.2 节熔化炉烟尘治理技术。

D 静电除尘器

静电除尘器是一种利用特高压直流电源（电压 20 ~100kV）造成不均匀电场，该电场中的电晕放电，使烟气中的含尘粒子带上电荷，借助于静电场中的库仑力把这些带电尘粒捕集到集尘极上的装置。这种除尘器的主要特点是效率高、压力损失小，能捕集 0.1μm 以下的微小尘粒，而且维护简单。但这种除尘器造价高，影响除尘效率的因素也较多，且较难控制。

11.2.2　熔化炉烟尘治理技术

11.2.2.1　袋式收尘器处理工艺

袋式除尘器的处理工艺见图11-8。高温含尘烟气经过预处理器、袋式收尘器过滤后由风机、烟囱排入大气。

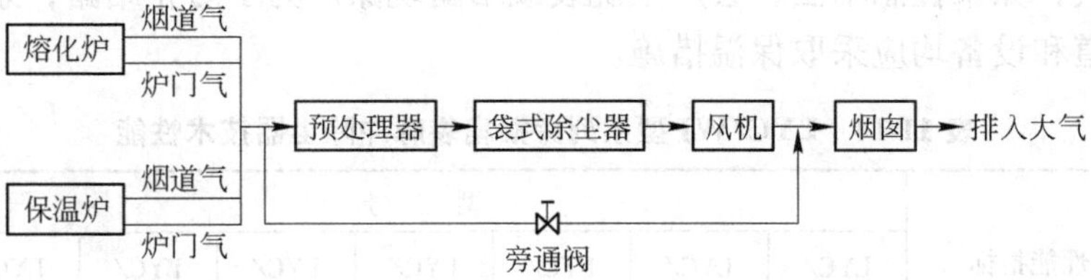

图11-8　袋式除尘器的工艺流程

滤料是袋式除尘器的关键材料，其质量好坏直接关系到除尘效果。根据烟尘的特点选用防水防油诺梅克斯针刺毡或P-84耐高温针刺毡，其性能见表11-13。这两种滤料用于铝熔化炉烟尘处理，其效率均在99%以上。

表11-13　集尘滤布性能对比

性能指标	P-84耐高温针刺毡（型号：HT-4710-8）	防水防油诺梅克斯针刺毡（型号：NO-4709-OWR）
单位面积质量/$g \cdot m^{-2}$	475	475
厚度/mm	2.3	2.3
透气性/$m^3 \cdot (m^2 \cdot min)^{-1}$	10.5（125Pa）	9.0（125Pa）
断裂强度/$kg \cdot (5cm)^{-1}$	60	80
最高操作温度/℃	260/300	204/240
回湿率/%	3	4.5
抗生化强度	无影响	无影响
抗酸性	很好	普通
抗碱性	普通	良好
伸长率/%	<2.0	<2.0
最小破裂强度/MPa	2.45	2.45
使用场合	锅炉、焚化炉高温过滤	铝铁、重油锅炉、电弧炉
后处理	热定型	热定型，防水防油处理

对烟气的温度（进入除尘器的允许高、低温点）、进出口压差、清灰、卸灰、风机等的控制，应采用 PLC 可编程序和声光报警，确保系统的安全运行，同时也可以手动控制。

袋式除尘器类型较多，但选用旁插扁袋脉冲除尘器比较适合。旁插扁袋脉冲式设备性能见表 11-14。该系统的主要缺点是烟气温度变化大，如果控制不当，会产生烧袋或结露现象。为了防止结露，系统管道和设备均应采取保温措施。

表 11-14　LYC/WJ 型系列旁插扁袋脉冲除尘器技术性能

性能指标	型号						
	LYC/WJ-60	LYC/WJ-180	LYC/WJ-300	LYC/WJ-420	LYC/WJ-540	LYC/WJ-720	LYC/WJ-960
处理风量 /$m^3 \cdot h^{-1}$	5400 ~ 7200	16200 ~ 21600	27000 ~ 36000	37800 ~ 50400	48600 ~ 64800	64800 ~ 86400	86400 ~ 115200
过滤面积/m^2	60	180	300	420	540	720	960
电机功率/kW	0.75	1.5	2.2	3	3	2.2×2	3.0×2
脉冲阀数量/个	10	30	50	70	90	120	140
设备质量/kg	1810	5080	8280	11600	15000	19650	22860
外形尺寸 /mm×mm×mm	1115×2250×5200	3115×2250×5260	5115×2250×5260	7115×2250×5260	9115×2250×5260	6115×6500×5260	8115×6500×5260

11.2.2.2　电除尘器处理工艺

电除尘处理工艺见图 11-9。

高温烟气经雾化冷却增湿器、电除尘器、风机、烟囱排入大气。

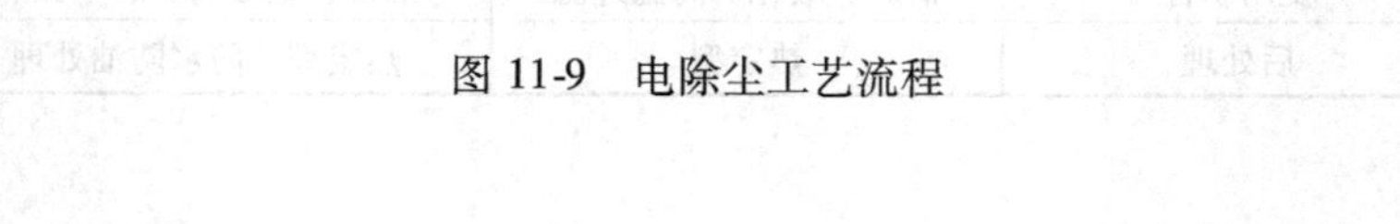

图 11-9　电除尘工艺流程

电除尘器种类很多，可根据铝熔炼烟尘的性质和特点，选用适合于有色金属冶炼及烧结所用的 KBYC 系列电除尘器（见图 11-10）。KBYC 系列电除尘器的技术性能见表 11-15。

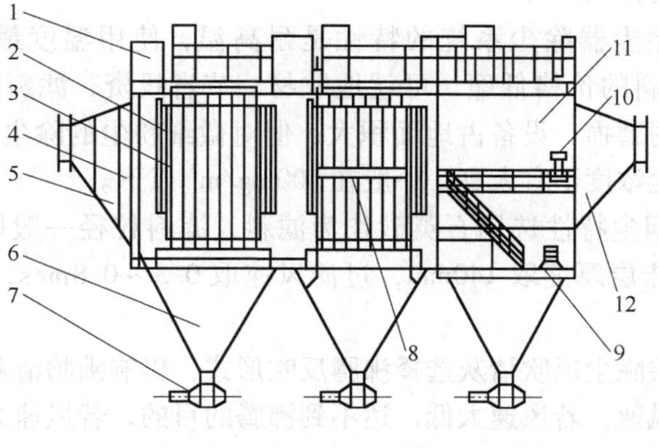

图 11-10　KBYC 系列电除尘器结构示意图

1—绝缘子室；2—阴极打框架；3—集尘极部件；4—分布板振打装置；5—进口变径管；6—灰斗；7—星型卸灰阀；8—电晕极振打部件；9—集尘极振打；10—电晕极振打；11—出口变径；12—壳体

表 11-15　KBYC 系列电除尘器技术性能

性能指标	型号			
	DCC15-855-3/1	DCC25-1422-3/1	KBYC13-660-3/1	KBYC60-3109-3/1
电场有效断面积/m^2	15	25	13	60
处理气体量/$m^3 \cdot h^{-1}$	14400	20732	20000 ~ 24000	190000
电场风速/$m \cdot s^{-1}$	0.6	0.6	0.42 ~ 0.5	0.9
极板间距/mm	400/300/300	400/300/300	400	360/408/408
电场长度/m	9.6	9.6	8.94	8.49
总收尘面积/m^2	855	1422	660	3100
最高允许气体温度/℃	370	370	400	120
最高允许气体压力/Pa	200 ~ 2000	200 ~ 2000	200 ~ 2000	200 ~ 2000
阻力损失/Pa	<300	<300	<300	<300
最高允许含尘浓度（标态）/$g \cdot m^{-3}$	>300	<300	<300	<300
配用高压电源容量/mA · kV	200 × 72/200 × 60 × 2	200 × 72/200 × 60 × 2	200 × 80 × 3	500 × 72/500 × 80 × 2
设备总质量/t	104	127	59.91	240

该系统的主要缺点是长时间使用，烟气对电极及极板具有腐蚀作用；系统管道和设备必须采取保温措施；投资相对较高。

颗粒层除尘处理的工艺过程是高温烟气经颗粒层除尘器、风机、烟囱后直接排入大气。

颗粒除尘器除尘系统的特性是耐高温，使用温度最高可达到800℃；滤料的价格低廉，可就地取材，节省投资；滤料耐久性强，耐腐蚀，耐磨损；设备占地面积大；但对微细粉尘的除尘效率不高，且入口含尘浓度不宜太高，一般在300mg/m^{3}以下。

根据烟尘特性选用石英砂作为滤料，滤料粒径一般取2～4mm（大粒），床层厚度取140mm，过滤风速取0.3～0.8m/s，可采取反吹清灰。

颗粒层除尘反吹清灰选择沸腾反吹形式，影响沸腾清灰的主要因素是反吹风速，若风速太低，达不到沸腾的目的，若风速太高则可能把颗粒吹出。反吹时使颗粒层达到流化最低的反吹风速，称为“临界流化速度”。石英砂的临界流化速度见表11-16。

表11-16 石英砂临界流化速度

砂粒当量直径/mm	阿基米得数 *Ar*	临界流化速度/m·s^{-1}
0.5	0.65×10^4	0.2
1	0.97×10^4	0.48
2	71.8×10^4	0.91
3	242.8×10^4	1.26
4	574×10^4	1.73
5	1120×10^4	2.6

DC-JJ颗粒层除尘器采用流态鼓泡原理进行反吹清灰，当某一层反吹清灰时，其余各层处于过滤状态，反吹清灰通过电动推杆阀6（见图11-11）开启反吹风7的测孔，反吹气流由下向上经筛板3进入颗粒层4，使滤料呈流化状态。反吹气流夹带已凝聚成大颗粒的尘团进入降尘室后大部分沉降下来，气流又进入其他过滤层进行净化，粉尘经排出口排出。

DC-JJ型沸腾颗粒层除尘器主要技术性能如下：

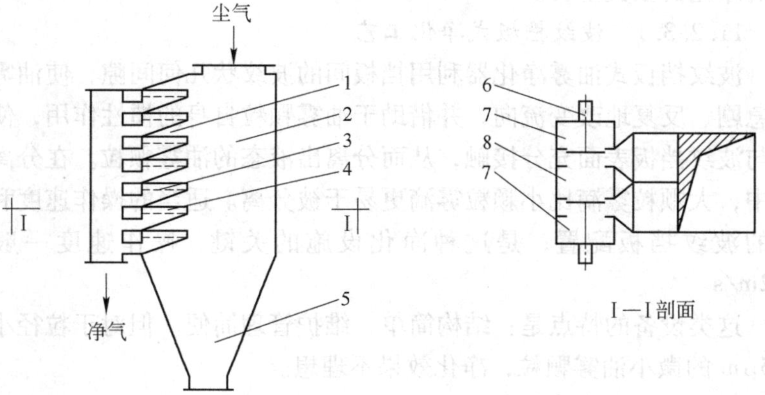

图 11-11 DC-JJ 型沸腾颗粒层除尘器原理图

1—过滤室；2—沉降室；3—下筛板；4—颗粒层；

5—灰斗；6—阀门；7—反吹风口；8—净化口

（1）除尘器阻力 ΔP：800～1200Pa。

（2）颗粒层阻力 ΔP_1：500～100Pa。

（3）颗粒层（石英砂）厚度：130～150mm。

（4）沙子当量直径：ϕ1.3～2.2mm。

（5）过滤风速 v：15～25m/min。

（6）反吹风速 w：50～73m/min。

（7）反吹阻力 ΔP_2：1500～2400Pa。

（8）反吹周期 T：5～10s。

（9）耐温：550℃。

（10）净化效率：90%。

11.2.3 轧机油雾净化技术

在国家颁布的大气污染物排放标准（GB 16927—1996）中，对于现有污染源排放的甲烷总烃其最高允许排放浓度为150mg/m^3。对于新污染源排放的甲烷总烃其最高允许排放浓度为120mg/m^3。这个标准基本上与德国 TALuv 标准的规定相一致。总之，设计和选用高效的净化器至关重要。

11.2.3.1 波纹挡板式净化工艺

波纹挡板式油雾净化器利用挡板间的波纹状几何间隙，使油雾气流急剧、反复地改变流向，并借助于油雾颗粒自身的惯性作用，使雾滴与波纹挡板表面充分接触，从而分离出液态的油雾颗粒。在分离过程中，大颗粒雾滴比小颗粒雾滴更易于被分离。适当的操作速度和合适的波纹挡板配置，是这种净化设施的关键，操作速度一般为4.2m/s。

这类设备的特点是：结构简单，维护管理简便。但对于粒径小于2.5μm的微小油雾颗粒，净化效果不理想。

11.2.3.2 填料式净化工艺

填料式油雾净化器采用充填塑料阶梯环的过滤组净化油雾。当含有油雾气流穿过阶梯环过滤组时，阶梯环复杂的几何形状所形成的较大表面积使油雾在环隙内迂回前进，反复碰撞，充分接触，从而达到去除较大油雾颗粒的目的。

填料式净化器的缺点是效率不高，屋面排烟口附近积油严重，对屋面的侵蚀较大。测定数据表明，其除雾效率只有70%～80%。

11.2.3.3 丝网过滤式净化工艺

国内采用丝网过滤式油雾净化器最多，其净化效率比前面所介绍的两种工艺好。丝网式油雾净化器用多层松散的波浪状不锈钢丝及不锈钢丝与玻璃丝的混编丝网组成过滤组。当油雾气流穿过丝网填层时，通过吸附、扩散、凝聚及过滤等过程，使油雾颗粒逐渐由小聚大，形成油滴，并沿丝网滴入集油槽汇集回收。在上述油雾净化过程的同时，由于油滴的冲洗作用，对丝网也有相当的自净作用。丝网过滤式油雾净化器，按其结构可分为立、卧组合式（或称正、负压分级式）丝网油雾净化器，箱式丝网油雾净化器和抽屉式丝网过滤器油雾净化器三种形式。抽屉式丝网油雾净化器结构如图11-12所示。

11.2.4 酸、碱废气的治理技术

铝加工生产中，铸块、板材、模压件的蚀洗和铝材表面氧化着色的处理过程会排放大量的酸雾、碱雾等工艺废气。废气中主

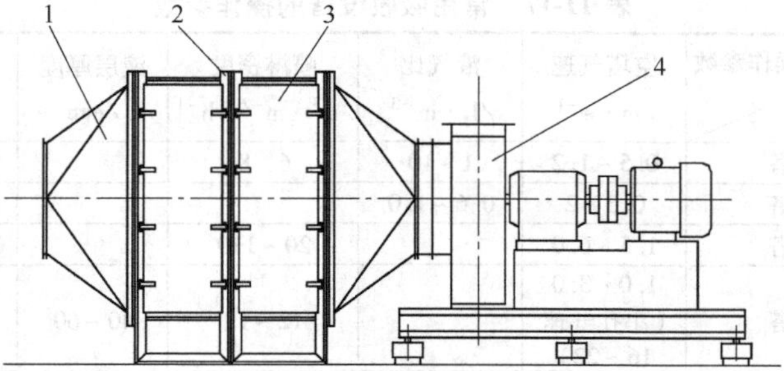

图 11-12 抽屉式丝网油雾净化器结构

1—进风口；2—两级净化器；3—抽屉式净化单元密封门；4—风机

要污染物有氮氧化物（NO_x）、二氧化硫（SO_2）、氢氧化钠（NaOH）等。对于这类气态污染物的净化处理，常用的方法有吸收法和吸附法。

11.2.4.1 吸收法

用吸收法处理含有污染物的废气就是使污染物从气体主流中传递到液体主流中去，本质上是气液两相间的物质传递。当气液两相接触时，两侧各有一个很薄的滞流层薄膜，即气膜和液膜。溶质分子以分子扩散形式从气相连续通过此两膜进入液相中，被液相吸收液所吸收。气体吸收既有物理吸收，也有化学吸收。酸雾、碱雾被吸收液吸收就属于化学吸收。

正确选择吸收液对提高净化效果至关重要。在铝加工材的蚀洗中，常用的无机酸主要是硝酸，排放的主要气态污染物是氮氧化物（NO_x）；在铝材的氧化着色中，常用的无机酸是硫酸，排放的主要气态污染物是二氧化硫（SO_2）。因此，在吸收液的选择上应首先选水，水吸收氮氧化物（NO_x）生成硝酸，水吸收二氧化硫（SO_2）生成亚硫酸、硫酸。但采用水时要控制好吸收液的 pH 值，防止二次污染。其次应选择碳酸钠（Na_2CO_3）、氢氧化钠（NaOH）等碱性吸收液，价格虽高但效果好，不会产生二次污染。

目前，采用吸收法净化废气的主要设备有填料塔、洗涤塔、湍球塔、筛板塔等。常用吸收设备的操作参数见表 11-17。

表 11-17 常用吸收设备的操作参数

吸收设备＼操作参数	空塔气速 /$m \cdot s^{-1}$	液气比 /$L \cdot m^{-3}$	喷淋密度 /$m^3 \cdot m^{-2} \cdot h^{-1}$	液层厚度 /mm	压力损失 /Pa
填料塔	0.5～1.2	1～10	6～8		460
洗涤塔	0.5～2	0.6～1.0			98～196
湍球塔	1.5～6.0		20～110		1470～3724
筛板塔	1.0～3.0（小孔气速 16～22）		12～15	40～60	单板阻力 294～588

填料塔在气态污染物的治理中使用比较普遍。填料塔所用的填料有拉西环、马鞍形填料、十字环、丝网波纹填料等。填料塔的结构见图 11-13。

湍球塔在酸雾、碱雾废气治理中的使用也很普遍。它主要利用树脂球在塔内气流的作用下紊乱湍动，增大气液均匀接触面，使气体溶质分子迅速进入溶液而被吸收。湍球塔所用的湍球主要是薄壳空心球。为了增强吸收效果，在湍球塔内往往还增加一层填料。湍球塔的结构见图 11-14。主要设备及具体工艺参数分别见表 11-18 和表 11-19。

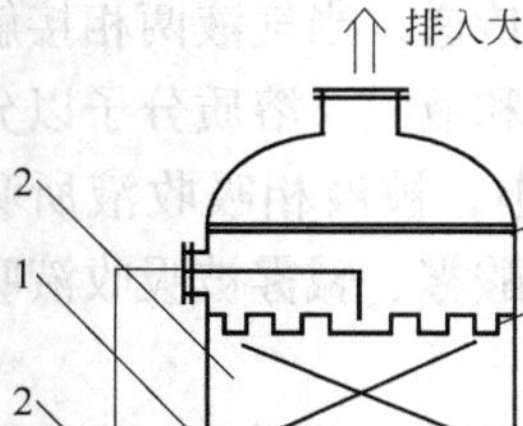

图 11-13 填料塔结构

1—填料支承；2—填料；3—除雾层；4—液体分布器；5—外壳；6—检修人孔；7—液体再分布孔；8—循环泵

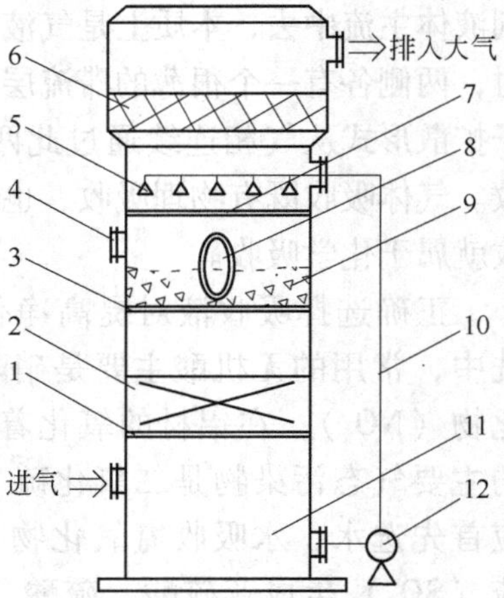

图 11-14 湍球塔结构

1—填料支承；2—填料；3—支承板；4—检修人孔；5—喷液头；6—除沫器；7—撑网；8—窥视窗；9—空心球；10—供液管；11—储液槽；12—循环泵

表 11-18 酸洗间酸雾净化主要设备

设备名称	型号及规格	数 量	材 质
湍球净化塔	MFJ_C-S-1600	1台	塑 料
风 机	4-62-106D，风量：39000m^3/h	1台	
风机电机	Y250M-4	1台	
水 泵	65FB-25，流量：28.8m^3/h	1台	
水泵电机	Y132-SI-2	1台	
空心薄壳球	ϕ38mm	9000	塑 料

表 11-19 湍球塔工艺参数

序 号	工 艺 参 数	数 量
1	最大处理风量/$m^3 \cdot h^{-1}$	26640
2	塔体阻力损失/Pa	1200
3	塔体最大风速/$m \cdot s^{-1}$	3.7
4	最大喷淋量/$m^3 \cdot h^{-1}$	28
5	喷淋密度/$m^3 \cdot (m^2 \cdot h)^{-1}$	14.4
6	装球高度/mm	150
7	湍球膨胀高度/mm	340~510
8	吸收液浓度/%	1~5
9	循环槽液容积/m^3	2
10	补充水量/$m^3 \cdot h^{-1}$	0.2~0.4
11	气体温度/℃	<40
12	气体压力/Pa	<3500

11.2.4.2 吸附法

利用某些具有从流体混合物中选择性地吸附某些物质能力的多孔性固体，从气相中吸附这些物质进行分离的过程称为吸附法。它主要是通过吸附剂表面与吸附质之间的作用力的差异进行吸附的。在使用吸附法进行废气处理的过程中，针对净化处理的污染物不同而选择不同的吸附剂。常用的吸附剂有活性炭、硅胶、活性氧化铝和分子筛等。对于蚀洗过程中产生的含氧的氮化物（NO_x）、二氧化硫（SO_2）

等酸雾气体，常用的吸附剂是活性炭，效果较好。各种吸附剂的性质见表11-20。

表11-20 常用吸附剂的性质

参数	粒状活性炭	粉状活性炭	硅胶	活性氧化铝	分子筛
真密度/$g \cdot cm^{-3}$	2.0~2.2	1.9~2.2	2.2~2.3	3.0~3.3	2.0~2.5
粒密度/$g \cdot cm^{-3}$	0.6~1.0		0.8~1.3	0.9~1.9	0.9~1.3
充填密度/$g \cdot cm^{-3}$	0.35~0.6	0.15~0.6	0.5~0.85	0.5~1.0	0.64~0.75
孔隙率/%	33~45	45~75	40~45	40~45	22~42
平均孔径/nm	0.12~0.4	0.15~0.4	0.2~1.2	0.4~1.5	0.3~1.0
流速/$m \cdot s^{-1}$	0.1~0.6		0.1~0.5	0.1~0.5	<0.6
比表面积/$m^2 \cdot g^{-1}$	700~1500	700~1600	200~600	150~350	400~750

11.2.5 二氧化硫治理

11.2.5.1 湿法脱硫工艺

湿法脱硫工艺是目前应用得最多的烟气脱硫技术，占脱硫装机总容量的83%以上，而其中占绝对统治地位的是石灰、石灰石－石膏湿式洗涤法，它是当今世界上技术最成熟、实际应用最多、运行最稳定的脱硫工艺。

湿法脱硫技术的创新点是：

(1) 采用除尘、脱硫两级工艺，即先除尘，后脱硫，引风机放在麻石水膜除尘器之后、脱硫塔之前。这样既保证引风机不粘灰、不带水，同时也为脱硫装置的稳定运行提供条件。

(2) 运用亚硫酸钙悬浮液脱硫法可从理论与实践的结合上解决石灰湿法脱硫的结垢问题，从而保证运行的可靠性。

(3) 改造后的装置采用高效脱硫部件，其结构合理，操作弹性范围大，能适应较大的负荷变化，保证设备运行平稳。

(4) 效率高，性能稳定。

(5) 脱硫剂采用石灰，价格低廉，运行费用低。

(6) 脱硫塔体防腐材料按电厂脱硫塔材料标准、防腐材料标准要求，采用玻璃鳞片防腐，塔内部件材质采用进口316L不锈钢，防腐耐磨性能好，使用寿命长。

(7) 采用两级湿式脱硫除尘工艺，无二次污染，有利于脱硫产物进一步回收利用。

(8) 石灰乳的添加量和 pH 值采用自动控制，保证了石灰乳的均匀，降低了工人的劳动强度。

脱硫装置主要建设是在引风机出口，现有公共烟道附近新建脱硫主塔，塔内装 XP 型脱硫部件。主塔由下段的 XP 型塔板和上部的脱水部件两部分构成。采用亚硫酸钙脱硫法（Ca-Ca 双碱法）解决设备结垢问题。安装脱硫循环泵和新建脱硫循环池、石灰乳池及搅拌器等。为了解决脱硫副产物二次污染的问题，还需要增设罗茨鼓风机及曝气装置，增设 pH 值自动控制装置。

A 湿法脱硫是一个先除尘、后脱硫的二级净化方案

a 除尘（第一级）

由于引风机的作用烟气进入多管除尘器，利用惯性碰撞、离心分离原理脱除大部分大颗粒烟尘，可去除 90% ~92% 以上的烟尘。

b 脱硫（第二级）

烟气离开多管除尘器后，经引风机进入脱硫塔。通过 XP 型脱硫部件时，与来自脱硫循环池的亚硫酸钙悬浮液进行充分的传质和反应，脱除烟气中的大部 SO_2 并继续脱除剩余的细尘。完成脱硫后的浆液通过集液装置全部返回脱硫循环池，经曝气氧化后，脱硫循环池内的二水硫酸钙有控制地排入灰水沟，由沉淀池沉淀分离。同时，新鲜石灰乳不断补入脱硫循环池，以再生出继续脱硫所需的亚硫酸钙循环使用。

c 最后脱水

脱硫后的烟气经主塔旋流脱水器脱水后由风机送入烟囱排放。

B 一种具体的湿法脱硫工艺——亚硫酸钙悬浮液脱硫

a 常规石灰湿法脱硫机理及存在的问题

简单地说，烟气中 SO_2 的脱除过程是分以下两步完成的：

第一步，气液传质和水合过程，即烟气中 SO_2 分子与水接触时溶解在水中，并与水分子水合为亚硫酸：

$$\begin{array}{c}\text{烟气中 } SO_2 \\ \Big\updownarrow \text{（溶解）} \\ \text{水中 } SO_2 + H_2O \rightleftharpoons H_2SO_3\end{array} \qquad (11\text{-}1)$$

第二步，H_2SO_3 与溶解在水中的碱性脱硫剂作用，生成亚硫酸盐：

$$H_2SO_3 + Ca(OH)_2 \longrightarrow CaSO_3 \cdot \frac{1}{2}H_2O\downarrow + \frac{3}{2}H_2O \qquad (11\text{-}2)$$

若用石灰乳作脱硫剂时，它与 H_2SO_3 反应生成半水亚硫酸钙沉淀。合并式（11-1）、式（11-2）得石灰湿法脱硫的总反应式为：

$$SO_2 + Ca(OH)_2 \longrightarrow CaSO_3 \cdot \frac{1}{2}H_2O\downarrow + \frac{1}{2}H_2O \qquad (11\text{-}3)$$

此外，因烟气中含有氧气，少量 $CaSO_3$ 被氧化为 $CaSO_4$。

石灰乳脱硫过程生成的亚硫酸钙和硫酸钙在水中的溶解度很小，极易达到过饱和而结晶出来并在器壁上形成垢层，严重时将使设备、管道堵塞而无法运行下去。这是石灰法脱硫存在的最大问题，因此不建议采用石灰乳直接脱硫，而建议采用亚硫酸钙脱硫法，既能脱硫又能防垢。

b　亚硫酸钙脱硫法的脱硫及防垢机理

当脱硫循环池内的亚硫酸钙悬浮液被循环泵输送到脱硫塔内的XP型塔板上与烟气接触时，烟气中的 SO_2 与亚硫酸钙发生脱硫反应：

$$SO_2 + CaSO_3 \cdot \frac{1}{2}H_2O\downarrow + \frac{1}{2}H_2O \longrightarrow Ca(HSO_3)_2 \qquad (11\text{-}4)$$

反应式（11-4）生成的 $Ca(HSO_3)_2$ 是亚硫酸的酸式盐，在水中的溶解度较大，因而不在塔内结垢。

当脱硫剂从脱硫塔返回脱硫循环池后，反应式（11-4）生成的 $Ca(HSO_3)_2$ 与新加入的石灰乳 $Ca(OH)_2$ 发生反应，再生成 $CaSO_3 \cdot 1/2H_2O$，供循环脱硫使用，池内反应为：

$$Ca(HSO_3)_2 + Ca(OH)_2 \longrightarrow 2CaSO_3 \cdot \frac{1}{2}H_2O\downarrow + \frac{3}{2}H_2O \qquad (11\text{-}5)$$

综上所述，亚硫酸钙悬浮液脱硫的实质是，用亚硫酸钙悬浮液在脱硫塔内去除 SO_2 并生成溶解度很大的亚硫酸氢钙，脱硫塔不结垢；塔外循环池内用石灰与亚硫酸氢钙反应，再生成塔内脱硫所需的亚硫酸钙。在这里，循环池实际上也是一个反应器。

c　防垢、防堵措施

具体措施包括：

(1) 脱硫工艺上采用亚硫酸钙循环液脱硫，塔内反应生成亚硫酸氢钙，避免因脱硫产物亚硫酸钙和硫酸钙因溶解度过低结晶析出而造成系统结垢堵塞。

(2) 两级脱硫除尘，先在多管干式除尘器中除去90% ~92% 的烟尘后再进入脱硫塔进行脱硫，这样既可避免因烟气中大量的灰尘堵塞脱硫部件，又可避免脱硫液中含有大量尘粒而引起管道堵塞。

(3) 喷头采用进口技术制造的不锈钢大孔径螺旋喷头，耐磨、耐腐蚀，中心孔较大，不易堵塞，雾化效果好。

(4) 脱硫液的 pH 值是自动调控的，使得脱硫液 pH 值始终稳定在设定值，一般为 6 ~7。如果 pH 值过高，易引起塔板结垢堵塞。

(5) 除雾装置设有冲洗管，对其进行清洗，防止粘灰。

d　脱硫剂及制浆系统

采用市售石灰粉作脱硫剂，要求石灰粉中没有人为加入的沙子及其他物质，纯度在75% 以上，粒度100%，100目筛下。

石灰粉通过螺旋加灰机按要求自动加入石灰乳制浆池，在石灰乳制浆池内直接加水搅拌、消化、制浆后使用。制备好的浆液用石灰乳泵送入脱硫循环池脱硫，两台石灰乳泵一用一备。

e　脱硫除尘的核心部件——XP 型脱硫部件

脱硫所采用的 XP 型脱硫除尘部件具有特殊孔形和分布，它既是一种良好的气液传质设备，又是一种极好的除尘设备。当烟气通过该部件时，烟气被高度分散并旋转，并与亚硫酸钙浆液间强烈搅动，气液之间有很大的接触面积，因而能将前级除尘器中未脱除的细尘润湿和捕集，并将 SO_2 脱除。

f　自动控制系统

自动控制系统工作包括：

（1）脱硫剂通过螺旋加灰机和电控装置按设定条件自动均匀地加入到制浆池中，这样既可避免人工加料一次太多造成的脱硫液 pH 值骤然升高的现象，又可降低工人劳动强度，缩短操作时间。

（2）脱硫液的 pH 值自动控制系统。脱硫浆液的 pH 值是保证设备不结垢和取得高脱硫效率的关键，该技术采用进口工业 pH 值在线控制变送器、PID 智能控制仪表、电调阀等，可实现循环池内浆液 pH 值的自动控制。通过安装在专用的测量槽内的进口工业 pH 值在线控制变送器对脱硫循环泵的出液的 pH 值进行测量，输出测量信号至 PID 智能控制仪表，智能控制仪表对信号与设定值进行比较后，发出指令给脱硫循环池上的石灰乳液加入管的电调阀，控制石灰乳的加入量，从而快速稳定地控制循环液的 pH 值，即当 pH 值高于控制值时，电调阀关小，减少石灰乳流量，反之亦然。

（3）脱硫循环池内安装液位计，实现自动补水，便于监控液位的变化，防止池内液位过低，损坏脱硫循环泵。

11.2.5.2 三效复合脱硫工艺

三效复合脱硫工艺流程为：

废气→初效除尘（WK1）→二级加药脱硫（WK2）→空塔静置→干法吸收（WK3）→相关因子达标。

一级初效除尘脱硫去除率在 30% 以下。二级加药脱硫是指在一级脱硫的基础上残留硫化氢、二氧化硫、三氧化硫、氮氧化物的水和污染物质，通过加药的手段脱硫，即：

（1）加铁镁盐配合喷钙使水体进一步吸收硫化物质，同时使化学吸附污染物质形成沉淀。

（2）加高分子药物，改变污染物质的亲水性质，使原来疏水的物质便于被水吸收。

（3）加碱使硫化氢、二氧化硫、三氧化硫、氮氧化物形成盐类被水吸收，达到彻底去除污染物的目的。

空塔静置是指将处理后的尾气通过空塔静置一下，使引风机带出来的少量水分在空塔中滞留，其滞留的原理是将空塔制成不对称的蜂窝状，形成涡流，进行回转折风，产生滞留。

该工艺由于前置和中部都是采取多段湿法吸收，即沿切向高速旋流，当乳状水幕到达一定程度时，水体的表面张力对污染物气体的拦截达到最高值，捕捉时间 0.03s，工艺目标就实现了。同时，在后段采用湍球塔，形成各分部的气旋，进一步实现对污染物的捕捉。

污染介质的反应常数和极限遵守以下规律：前置收率→污染介质→接触概率→反应时间→体积→处理效果。

11.2.6 噪声治理技术

11.2.6.1 风机噪声控制

风机是一种量大面广的通用机械设备，几乎所有的行业都使用。风机在运转中产生的噪声常常成为影响工人健康和干扰环境的噪声源。

A 风机噪声产生机理及其特性

风机在运行过程中会产生高强度噪声，主要表现为空气动力性噪声、机械噪声以及配用电机的噪声等。进气口和排气口辐射的是空气动力性噪声，机壳、管道以及电动机、轴承等辐射的是机械性噪声；基础振动辐射的是固体传声。在这几部分噪声中，以由进、出气口的部位辐射的空气动力性噪声为最强，一般比其他部位的声级要高出 10～20dBA。空气动力性噪声又分为旋转噪声和涡流噪声。旋转噪声是由于风机叶片在旋转时与气体相对运动，产生压力脉动而形成的；涡流噪声又称紊流噪声。风机产生的涡流噪声具有随机的特性，呈现为连续的宽带谱。风机的空气动力性噪声就是由上述旋转噪声与涡流噪声相互混杂的结果。

B 风机噪声的控制方法

控制风机的噪声，可根据风机噪声的大小、现场条件和降噪要求，采取不同的控制措施，包括安装消声器、加装隔声罩和改造风机房等几项措施。可在风机进、出口（或管道上）安装消声器，消声器是允许气流通过阻止或减弱声波传播的装置，是降低空气动力性噪声的主要技术措施，根据需要既可以在一侧（进口侧或出口侧）安装，也可以在两侧同时安装，或安装在排气管道口以及通风换气的地方，噪声可降低 20～30dBA，对消除噪声污染、改善劳动与生活环境具有重要的应用价值。消声器的种类很多，根据其消声机理，可以把它们分为6种主要类型，即阻性消声器、抗性消声器、阻抗复合式消声器、微穿孔板消声器、小孔消声器和有源消声器。阻性消声器主要是利用多孔吸声材料来降低噪声的。把吸声材料固定在气流通道的内壁上，或使之按照一定的方式在管道中排列，就构成了阻性消声器，当声波进入阻性消声器时，一部分声能在多孔材料的孔隙中摩擦而转为热能消耗掉，使通过消声器的声波减弱。阻性消声器能在较宽的中高频范围内消声，特别是对刺耳的高频声消声效果更好。它的缺点是在高温、高速、水蒸气、含尘、油雾以及对吸声材料有腐蚀性的气体中，使用寿命短，消声效果差。另外，对于低频噪声，它的消声效果也不太理想。抗性消声器与阻性消声器的消声机理是完全不同的，它的特点是没有敷设吸声材料，因而不能直接吸收声能。抗性消声器适用于消除中、低频噪声，主要有扩张式和共振式两种。阻抗复合型消声器是把阻性结构和抗性结构按照一定的方式组合构成的，既有吸声材料，又有共振、扩张室等声学滤波元件，消声原理可以定性地认为是阻性和抗性各自消声原理的结合，它具有宽频带、高吸收的消声效果，主要用于消除各种风机和空压机的噪声，但由于阻性段有吸声材料，因此，阻抗复合式消声器一般都不适合于高温和含尘等的环境。微穿孔板消声器是阻抗复合式消声器的一种特殊形式，微穿孔板吸声结构本身就是一个既有阻性又有抗性的吸声元件，把它们进行适当的组合排列，就构成了微穿孔板消声器，可以在较宽的或需要的频率范围内获得良好的消声效果。小孔消声器具有体积小、质量轻和消声能力大的特点，主要用于控制空气压缩机及锅炉排气等产生的噪声。有源消声器是一套仪器装置，它主要由传声器、放大器、相移装置、功率放大器和扬声器等组成，消声机理就是在原来的噪声场中，利用电子设备再产生一个与原来的声压大小相等、相位相反的声波，即反噪声，使其在一定的声场中相抵消。消声器在安装时要注意接口要牢靠，在消声器上加接变径管，要防止其他噪声传入消声器的后端，安装场所应采取防护措施，消声器片间流速应适当。如果现场对降低噪声的要求较高，风机的机壳、电动机、基础振动等部位辐射的噪声也需要控制时，可以采用加隔声罩措施，将整个风机用密闭的隔声罩包围起来。对于风机基础和管道传声，应采取隔振处理。风机与进排风管采用柔性连接管连接，管道隔振可减少噪声4~7dBA；如果鼓风机组有专门的鼓风机房，则结合现场情况，采取将已有的鼓风机房改造成隔声间的降噪方法，即把鼓风机密闭在风机房内，使噪声传不出去。机房的门、窗要按隔声要求处理，密闭的风机房上要安装进气消声器，以满足鼓风机吸气和电动机、机壳等散热的需要。房内表面采取吸声处理，可提高机房隔声量。风机基础采取隔振处理，管道采用软连接等技术处理。

11.2.6.2 电机噪声控制

电动机是铝加工生产过程中广泛采用的一种机械设备。某些电机在运行中产生强烈的噪声，有时成为整个机组的噪声源。

A 电动机噪声的产生及特性

电动机的噪声由空气动力性噪声、电磁噪声和机械噪声三部分组成。空气动力性噪声主要是电动机转动所引起的，与上述风机噪声相似。电磁噪声是由定子和转子之间交变电磁引力引起振动而产生的，电磁噪声的大小与电动机功率及级数有关。对于大功率的电动机，电磁噪声将占相当的部分。由机械原因引起的噪声种类很多，也比较复杂，常见的有转子的不平衡噪声、轴承噪声、电刷噪声和构件共振噪声等。

B 电动机噪声的控制要点

控制电动机噪声的根本途径是要在电机设计和制造方面加以改进，生产低噪声电机，这是从声源上降低噪声。在声传播途径上控制电机噪声的方法，目前广泛采用隔声罩降噪声，不使其通过空气传播到周围环境中去，对大型电机的基础可以采用隔振措施降低固体传声。

11.2.6.3 空压机噪声控制

空压机的作用是在铝加工生产过程中提供压缩空气。

A 空压机噪声的产生及其特征

空压机噪声由进气口和排气口辐射的空气动力性噪声、机械运动部件产生的机械性噪声组成。空压机的进气噪声声级一般都超过100dBA，呈明显的低频特性。实测表明，空压机的进气噪声比机组其他部位辐射的噪声声级约高出5~10dBA，是整个机组的主要声源部位。排气噪声比进气噪声低，它是在密闭管道中传播的，也呈明显的低频特性。空压机在运转时，许多部件之间产生撞击、摩擦，便产生机械性噪声。机械性噪声具有随机性质，呈宽频带特性。此外，压缩机的电动机噪声比空压机本机噪声低一个数量级，占次要地位。

B 空压机噪声的控制方法

进气口装消声器，消声器设计应以抗性消声为主。排气口装消声器，降低气体脉动形成的低频噪声，可使排气管道及储气罐处噪声有较大的降低，设计排气消声器时应注意到排气管道的压力和温度，要符合压力容器的设计制造规范。其他措施包括排放口安装放空消声器；储气罐内吸声；机组及管道隔振；机房隔声等。

对于新建的空压站，应严格按照有关的设计规范及标准，分别采取消声、吸声、隔声及隔振等综合措施，尽量把空压站设计成低噪声、低振动的现代化动力站房。

对于现有的空压站，只能因地制宜，根据环境标准要求及站房具体情况分别采取有关控制措施，如建造隔声间（可使噪声控制在60~65dBA），站内进行吸声处理（可使站内噪声降到85dBA左右）。

11.2.7 放射源的控制

在铝加工生产过程中，由于测厚等因素，有时需要使用放射源，按照《中华人民共和国放射性污染防治法》中对放射源的定义，放射源是特指除研究堆和动力堆核燃料循环范畴的材料以外，永久密封在容器中或者有严密包层并呈固态的放射性物质。放射源由放射性同位素加工封装而成。放射性同位素被严格地密封以避免其与环境直接接触，所要利用的是密封于源中的同位素发射的粒子或光子。放射源具有以下特性：

（1）封装的活性物质（放射性同位素）的物理和化学特性。使用者应了解封装的主要是什么源以及放射性同位素的毒性情况。

（2）封装的活性物质的物理和化学形态。根据活性物质物理和化学形态的不同，可以对其进行以下分类：

1）固体有机物；

2）固体易扩散粉末；

3）固体可溶物；

4）固体无机物、不可溶物、非扩散物；

5）固体金属或合金。

一个含粉末状物质的源可能是一个潜在的污染源，某些有机物可能是易燃的，有些可能会产生放射性气体，有些可溶性放射性物质一旦接触到水或其他溶液就会造成大面积的污染，虽然这类放射源不多，但需要引起重视。这包括：

（1）α 源、β 源、γ 源的活度。

（2）中子源的中子发射率。

（3）活性物质与包壳的外尺寸。

（4）针对特殊应用需进一步了解的其他一些内容，例如抗腐蚀、耐热、稳定性、泄漏特性等。

α 粒子辐射穿透能力有限，但具有强的局部电离作用。由于 α 源的窗非常薄，源窗破裂的可能性很大，因此在使用时要特别小心。β 源的窗也很薄，也存在源窗破裂而导致污染的可能性，所以必须经常检查。某铝厂轧制产品测厚时使用的 ^{85}Kr、^{90}Sr 放射源均属 β 源。

在我国，放射源事故时有发生。例如放射源被盗、被砸碎、被丢弃，从而导致环境污染，或者生产过程中不按规章制度办事，造成生产作业环境中辐射水平升高，因此放射源使用单位要严加管理，防范相关污染事故的发生。为此，可适当采取以下措施：

（1）使用放射源的场所设计、建造和安装调试应符合国家标准。放射源的包装容器、贮存设施及辐射防护设备应符合国家标准的要求。其中，放射源的辐射防护设施必须与主体工程同时设计、同时施工、同时投入使用。

（2）放射源单位应建立保证放射源安全使用所需要的专职机构，配备具有专业知识的管理人员和技术人员，指定专人负责放射源的安全和防护。

（3）放射源使用单位应针对所用放射源的特征，建立健全安全保卫管理制度、制定安全操作规范，制定与放射源的危险性相适应的辐射事故应急响应预案。

（4）放射源应单独存放，不得与易燃、易爆、腐蚀性的危险物品一起存放。存放场所应采取有效的防火、防水、防盗等保安措施。

(5) 放射源使用单位应符合我国有关法律、法规和国家标准规定的其他条件。

对于放射性废物的管理，首先是使用单位确保在现实可行的条件下，使其所负责的放射源的放射性活度与体积达到并保持最小；其次是放射源使用单位应该按照国家相关法律法规的要求，对所负责的放射源实施良好的管理，以确保将放射性废物对工作人员与公众的健康及环境可能造成的危害降到可以接受的水平；在进行放射性废物的管理时，应充分考虑废物的产生与管理各个步骤的关系，并应根据所产生的废物中各类放射性核素的种类、含量、半衰期、浓度以及废物的体积和其他物理特性与化学性质的差别，对不同类型的放射性废物进行分类收集和分别处理，以利于放射性废物管理的优化。

12 污染物综合利用技术

12.1 工业废弃物的减量化和资源化

12.1.1 工业废弃物的减量化

工业废弃物尤其是固体废物大都来自工业生产。所以，工业生产中的工艺合理化和管理科学化是大幅度减少乃至消除工业废弃物的根本途径。2000 年国家颁布的《清洁生产促进法》和近几年推广的清洁生产工作就是减量化的最好体现。

实现无废或少废生产的主要途径有：原料的综合利用；开发全新的工艺流程；实现物料的闭路循环；工业废料转化成可利用的二次资源；组建无废工业区等。

12.1.2 工业废弃物的资源化

铝加工生产过程中的工业固体废弃物主要是工业炉渣和一些常见的工业废弃物，而有毒有害固体废弃物较少，可综合利用的途径也较多。常见工业废弃物的处置和综合利用途径见表 12-1。

表 12-1 常见工业废弃物的综合利用途径

废弃物名称	主 要 用 途
熔炼渣	制造水泥、砖瓦、砌块、铸石、筑路材料，回收金属等
锅炉渣	制造水泥、混凝土骨料、砖瓦、砌块、铸石、筑路材料、过滤介质、建筑防水材料等
粉煤灰	制造水泥、轻混凝土骨料、砖瓦、砌块、墙板、铸石、筑路材料、土壤改良剂、矿棉等
钢 渣	用作钢铁炉料、冶炼熔剂，制作铁路道床、水泥、筑路材料、防火材料等
铁 渣	制造水泥、铸石、建筑材料、土壤改良剂，回收金属等
铬 渣	制造水泥、钙镁磷肥、砖瓦、铸石、玻璃着色剂、路基等
废石膏	建筑材料等

实现工业废弃物资源化的措施有：发展废弃物的综合开发与利用，大力开展综合利用工艺技术的研究；开展横向联合，充分利用废渣原料；大力提倡综合利用，对以废渣为原料进行加工生产的企业给予优惠政策等。

以下介绍某铝厂对废弃铝屑进行复化重复利用进而实现工业废弃物资源化的一个典型实例。

该厂产品主要生产流程为：熔铸→轧制（变形铝合金）→热处理→精整→包装。在铝加工生产过程中，锯、车、铣、刨、镗等作业过程产生约8.5%的铝屑，每年产生量在6000t左右。目前使用的铝屑熔炼炉是采用煤气火焰直接加热方式的煤气炉，并加入大量氯盐覆盖剂，防止烧损。由于铝屑与高温燃烧炉气相接触，在熔化过程中金属氧化烧损严重，导致实收率仅在85%左右，造成资源浪费，有时还产生大量烟尘及固体废物。对此，该厂高度重视发展循环经济，创建节约型社会，减少污染物排放，实施了铝屑复化综合利用项目。

金属铝的冶炼需要很大的能量，生产1t电解铝大约需要61.2GJ（1.7万kW·h），折合成重油为4800kg。而用废铝再生铝锭时，每生产1t再生铝锭，约需电力700kW·h，折算成重油为190kg，仅占电解铝所需能量的3.9%。因此，与电解铝能耗相比，废铝再生的能耗可节省16000kW·h/t电能，或节省4600kg重油。我国能源比较紧张，而能源又不可能在短期内得到缓解，节约能源对我国国民经济发展有着十分重要的意义。采用先进铝屑回收工艺，金属回收率大于96%。比现有工艺提高10%左右。按年产8000t铝屑估算，可多回收铝800t。建设一个规模8000t的铝屑复化综合利用项目，采用新型的双室圆形永磁搅拌循环铝水熔炼炉，具有突出的节能、减排、环保等特点，能够满足全面实现清洁生产、节约资源、节能减排的目标。该项目主机由1台15t熔铝炉、1台10t保温炉和铸锭机等组成。

其主要生产工艺流程为：三级铝合金废料→加料→烘干→熔化→倒炉→净化→铸造→交货。

采用先进的双室浸入循环铝屑熔化炉新装备（双室反射炉是熔炼再生铝专用设备），兴建一条铝屑再生回收生产线，铝屑浸入高温熔体内循环，避免与火焰直接接触，解决了高温熔炼时金属实收率的问题。

该工艺具有以下特点：

（1）采用具有特殊功能的再生炉窑，烧损至少降低8个百分点，按年处理8000t铝屑计算，可回收640t再生铝复化锭，二次资源得以充分利用，相当于每年减少约2500t铝矿的开采，电解铝可节约864万kW·h的电能消耗。

（2）采用双室圆形炉窑结构，配置节能永磁搅拌器和节能烧嘴，新型炉窑热效率可提高20个百分点以上，实现能耗小于65J/kg，节能效果好。

（3）废弃的熔剂反射炉炉屑复化，一年可减少800t覆盖剂的消耗，从而减少了生产过程的废渣、废气对环境的污染。

（4）采用新式实用型的再生铝炉窑，不仅铝的烧损大幅度下降，生产线的末端还配置了净化设施，废炉气中的三氧化二铝、工业粉尘，经过除尘处理后可减少65%的排放量，金属熔炼炉烟尘浓度符合GB 9078《工业炉窑大气污染物排放标准》中二级标准污染物排放浓度不大于150mg/m^{3}的规定。

12.2 清洁生产

长期以来，工业对国内生产总值的贡献最大，但是工业生产也耗费了大量的自然资源，同时带来了严重的环境污染。因此，运用先进技术，不断改进工艺，加大节能、降耗、减排力度，综合治理“三废”，实现清洁生产，建设环境优美的绿色企业就成为许多企业的共同追求。清洁生产主要包括三个方面：一是清洁的能源，即合理利用常规能源，尽可能开发利用可再生的清洁能源，开发应用节能技术等；二是清洁的生产过程，即尽量少用、不用有毒有害原料，减少生产过程中的具有高风险性因素的介入，采用高效率设备，回收再利用原材料及中间产物，减少废物排放等；三是清洁的产品，即使用的原材料和能源最少，少用贵重、稀有原料，减少不必要的功能，提高使用寿命，还要做到废弃物易于回收等。

12.2.1 推行逐级用水，实行一水多用

生产过程中，各种工艺对水质和水温的要求并不一样，把水分成

几个等级，串联起来逐级使用，便可达到一水多用的目的。水循环工艺流程见图 12-1。该流程的最大优点是水的循环利用率高，可以一水多用，同时大幅度降低废水处理负荷。

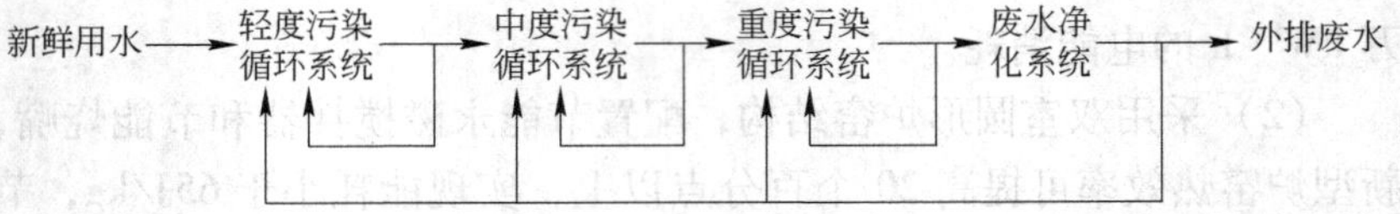

图 12-1　水循环工艺流程

12.2.2　改革工艺和设备，减少工业用水量

通过对现有生产工艺和设备的调查、分析和审计，分别确定出高费、中费和低费的改革方案，选取无污染或少污染的清洁生产工艺以及新技术、新设备，可从根本上减少工业废水的排放。

12.2.3　采用高新技术，提高工业用水利用率

当前，除传统的直接冷却水、间接冷却水的循环重复利用外，提高工业用水利用率的有效途径是开发利用中水处理技术，实行中水回用。国内的中水处理技术已比较成熟，其中有膜分离法、生物还原法等等。处理后的水质基本能达到相应标准的要求（见表 12-2 中所列的指标）。

表 12-2　处理前和处理后的中水水质指标对比

污染物名称	油	COD	BOD_5	SS	NH_3-N	浊度	pH 值
处理前废水水质（质量浓度）/mg · L^{-1}	<10	<150	<60	<200	<40	<5	6～9
处理后回用中水水质（质量浓度）/mg · L^{-1}	<0.5	<10	<5	<5	<2	<3	6～8

附录　有关安全生产及环境保护法律法规和标准

1　中华人民共和国安全生产法

第一章　总　则

第一条　为了加强安全生产监督管理，防止和减少生产安全事故，保障人民群众生命和财产安全，促进经济发展，制定本法。

第二条　在中华人民共和国领域内从事生产经营活动的单位（以下统称生产经营单位）的安全生产，适用本法；有关法律、行政法规对消防安全和道路交通安全、铁路交通安全、水上交通安全、民用航空安全另有规定的，适用其规定。

第三条　安全生产管理，坚持安全第一、预防为主的方针。

第四条　生产经营单位必须遵守本法和其它有关安全生产的法律、法规，加强安全生产管理，建立、健全安全生产责任制度，完善安全生产条件，确保安全生产。

第五条　生产经营单位的主要负责人对本单位的安全生产工作全面负责。

第六条　生产经营单位的从业人员有依法获得安全生产保障的权利，并应当依法履行安全生产方面的义务。

第七条　工会依法组织职工参加本单位安全生产工作的民主管理和民主监督，维护职工在安全生产方面的合法权益。

第八条　国务院和地方各级人民政府应当加强对安全生产工作的领导，支持、督促各有关部门依法履行安全生产监督管理职责。

县级以上人民政府对安全生产监督管理中存在的重大问题应当及

时予以协调、解决。

第九条 国务院负责安全生产监督管理的部门依照本法，对全国安全生产工作实施综合监督管理；县级以上地方各级人民政府负责安全生产监督管理的部门依照本法，对本行政区域内安全生产工作实施综合监督管理。

国务院有关部门依照本法和其它有关法律、行政法规的规定，在各自的职责范围内对有关的安全生产工作实施监督管理；县级以上地方各级人民政府有关部门依照本法和其它有关法律、法规的规定，在各自的职责范围内对有关的安全生产工作实施监督管理。

第十条 国务院有关部门应当按照保障安全生产的要求，依法及时制定有关的国家标准或者行业标准，并根据科技进步和经济发展适时修订。

生产经营单位必须执行依法制定的保障安全生产的国家标准或者行业标准。

第十一条 各级人民政府及其有关部门应当采取多种形式，加强对有关安全生产的法律、法规和安全生产知识的宣传，提高职工的安全生产意识。

第十二条 依法设立的为安全生产提供技术服务的中介机构，依照法律、行政法规和执业准则，接受生产经营单位的委托为其安全生产工作提供技术服务。

第十三条 国家实行生产安全事故责任追究制度，依照本法和有关法律、法规的规定，追究生产安全事故责任人员的法律责任。

第十四条 国家鼓励和支持安全生产科学技术研究和安全生产先进技术的推广应用，提高安全生产水平。

第十五条 国家对在改善安全生产条件、防止生产安全事故、参加抢险救护等方面取得显著成绩的单位和个人，给予奖励。

第二章 生产经营单位的安全生产保障

第十六条 生产经营单位应当具备本法和有关法律、行政法规和国家标准或者行业标准规定的安全生产条件；不具备安全生产条件的，不得从事生产经营活动。

第十七条 生产经营单位的主要负责人对本单位安全生产工作负有下列职责：

（一）建立、健全本单位安全生产责任制；

（二）组织制定本单位安全生产规章制度和操作规程；

（三）保证本单位安全生产投入的有效实施；

（四）督促、检查本单位的安全生产工作，及时消除生产安全事故隐患；

（五）组织制定并实施本单位的生产安全事故应急救援预案；

（六）及时、如实报告生产安全事故。

第十八条 生产经营单位应当具备的安全生产条件所必需的资金投入,由生产经营单位的决策机构、主要负责人或者个人经营的投资人予以保证,并对由于安全生产所必需的资金投入不足导致的后果承担责任。

第十九条 矿山、建筑施工单位和危险物品的生产、经营、储存单位，应当设置安全生产管理机构或者配备专职安全生产管理人员。

前款规定以外的其它生产经营单位，从业人员超过三百人的，应当设置安全生产管理机构或者配备专职安全生产管理人员；从业人员在三百人以下的，应当配备专职或者兼职的安全生产管理人员，或者委托具有国家规定的相关专业技术资格的工程技术人员提供安全生产管理服务。

生产经营单位依照前款规定委托工程技术人员提供安全生产管理服务的，保证安全生产的责任仍由本单位负责。

第二十条 生产经营单位的主要负责人和安全生产管理人员必须具备与本单位所从事的生产经营活动相应的安全生产知识和管理能力。

危险物品的生产、经营、储存单位以及矿山、建筑施工单位的主要负责人和安全生产管理人员，应当由有关主管部门对其安全生产知识和管理能力考核合格后方可任职。考核不得收费。

第二十一条 生产经营单位应当对从业人员进行安全生产教育和培训，保证从业人员具备必要的安全生产知识，熟悉有关的安全生产规章制度和安全操作规程，掌握本岗位的安全操作技能。未经安全生产教育和培训合格的从业人员，不得上岗作业。

第二十二条 生产经营单位采用新工艺、新技术、新材料或者使用新设备，必须了解、掌握其安全技术特性，采取有效的安全防护措施，并对从业人员进行专门的安全生产教育和培训。

第二十三条 生产经营单位的特种作业人员必须按照国家有关规定经专门的安全作业培训，取得特种作业操作资格证书，方可上岗作业。

特种作业人员的范围由国务院负责安全生产监督管理的部门会同国务院有关部门确定。

第二十四条 生产经营单位新建、改建、扩建工程项目（以下统称建设项目）的安全设施，必须与主体工程同时设计、同时施工、同时投入生产和使用。安全设施投资应当纳入建设项目概算。

第二十五条 矿山建设项目和用于生产、储存危险物品的建设项目，应当分别按照国家有关规定进行安全条件论证和安全评价。

第二十六条 建设项目安全设施的设计人、设计单位应当对安全设施设计负责。

矿山建设项目和用于生产、储存危险物品的建设项目的安全设施设计应当按照国家有关规定报经有关部门审查，审查部门及其负责审查的人员对审查结果负责。

第二十七条 矿山建设项目和用于生产、储存危险物品的建设项目的施工单位必须按照批准的安全设施设计施工，并对安全设施的工程质量负责。

矿山建设项目和用于生产、储存危险物品的建设项目竣工投入生产或者使用前，必须依照有关法律、行政法规的规定对安全设施进行验收；验收合格后，方可投入生产和使用。验收部门及其验收人员对验收结果负责。

第二十八条 生产经营单位应当在有较大危险因素的生产经营场所和有关设施、设备上，设置明显的安全警示标志。

第二十九条 安全设备的设计、制造、安装、使用、检测、维修、改造和报废，应当符合国家标准或者行业标准。

生产经营单位必须对安全设备进行经常性维护、保养，并定期检测，保证正常运转。维护、保养、检测应当作好记录，并由有关人员签字。

第三十条 生产经营单位使用的涉及生命安全、危险性较大的特种设备，以及危险物品的容器、运输工具，必须按照国家有关规定，由专业生产单位生产，并经取得专业资质的检测、检验机构检测、检验合格，取得安全使用证或者安全标志，方可投入使用。检测、检验机构对检测、检验结果负责。

涉及生命安全、危险性较大的特种设备的目录由国务院负责特种设备安全监督管理的部门制定，报国务院批准后执行。

第三十一条 国家对严重危及生产安全的工艺、设备实行淘汰制度。

生产经营单位不得使用国家明令淘汰、禁止使用的危及生产安全的工艺、设备。

第三十二条 生产、经营、运输、储存、使用危险物品或者处置废弃危险物品的，由有关主管部门依照有关法律、法规的规定和国家标准或者行业标准审批并实施监督管理。

生产经营单位生产、经营、运输、储存、使用危险物品或者处置废弃危险物品，必须执行有关法律、法规和国家标准或者行业标准，建立专门的安全管理制度，采取可靠的安全措施，接受有关主管部门依法实施的监督管理。

第三十三条 生产经营单位对重大危险源应当登记建档，进行定期检测、评估、监控，并制定应急预案，告知从业人员和相关人员在紧急情况下应当采取的应急措施。

生产经营单位应当按照国家有关规定将本单位重大危险源及有关安全措施、应急措施报有关地方人民政府负责安全生产监督管理的部门和有关部门备案。

第三十四条 生产、经营、储存、使用危险物品的车间、商店、仓库不得与员工宿舍在同一座建筑物内，并应当与员工宿舍保持安全距离。

生产经营场所和员工宿舍应当设有符合紧急疏散要求、标志明显、保持畅通的出口。禁止封闭、堵塞生产经营场所或者员工宿舍的出口。

第三十五条 生产经营单位进行爆破、吊装等危险作业，应当安排专门人员进行现场安全管理，确保操作规程的遵守和安全措施的落实。

第三十六条 生产经营单位应当教育和督促从业人员严格执行本单位的安全生产规章制度和安全操作规程；并向从业人员如实告知作业场所和工作岗位存在的危险因素、防范措施以及事故应急措施。

第三十七条 生产经营单位必须为从业人员提供符合国家标准或者行业标准的劳动防护用品，并监督、教育从业人员按照使用规则佩戴、使用。

第三十八条 生产经营单位的安全生产管理人员应当根据本单位的生产经营特点，对安全生产状况进行经常性检查；对检查中发现的安全问题，应当立即处理；不能处理的，应当及时报告本单位有关负责人。检查及处理情况应当记录在案。

第三十九条 生产经营单位应当安排用于配备劳动防护用品、进行安全生产培训的经费。

第四十条 两个以上生产经营单位在同一作业区域内进行生产经营活动，可能危及对方生产安全的，应当签订安全生产管理协议，明确各自的安全生产管理职责和应当采取的安全措施，并指定专职安全生产管理人员进行安全检查与协调。

第四十一条 生产经营单位不得将生产经营项目、场所、设备发包或者出租给不具备安全生产条件或者相应资质的单位或者个人。

生产经营项目、场所有多个承包单位、承租单位的，生产经营单位应当与承包单位、承租单位签订专门的安全生产管理协议，或者在承包合同、租赁合同中约定各自的安全生产管理职责；生产经营单位对承包单位、承租单位的安全生产工作统一协调、管理。

第四十二条 生产经营单位发生重大生产安全事故时，单位的主要负责人应当立即组织抢救，并不得在事故调查处理期间擅离职守。

第四十三条 生产经营单位必须依法参加工伤社会保险，为从业人员缴纳保险费。

第三章　从业人员的权利和义务

第四十四条　生产经营单位与从业人员订立的劳动合同，应当载明有关保障从业人员劳动安全、防止职业危害的事项，以及依法为从业人员办理工伤社会保险的事项。

生产经营单位不得以任何形式与从业人员订立协议，免除或者减轻其对从业人员因生产安全事故伤亡依法应承担的责任。

第四十五条　生产经营单位的从业人员有权了解其作业场所和工作岗位存在的危险因素、防范措施及事故应急措施，有权对本单位的安全生产工作提出建议。

第四十六条　从业人员有权对本单位安全生产工作中存在的问题提出批评、检举、控告；有权拒绝违章指挥和强令冒险作业。

生产经营单位不得因从业人员对本单位安全生产工作提出批评、检举、控告或者拒绝违章指挥、强令冒险作业而降低其工资、福利等待遇或者解除与其订立的劳动合同。

第四十七条　从业人员发现直接危及人身安全的紧急情况时，有权停止作业或者在采取可能的应急措施后撤离作业场所。

生产经营单位不得因从业人员在前款紧急情况下停止作业或者采取紧急撤离措施而降低其工资、福利等待遇或者解除与其订立的劳动合同。

第四十八条　因生产安全事故受到损害的从业人员，除依法享有工伤社会保险外，依照有关民事法律尚有获得赔偿的权利的，有权向本单位提出赔偿要求。

第四十九条　从业人员在作业过程中，应当严格遵守本单位的安全生产规章制度和操作规程，服从管理，正确佩戴和使用劳动防护用品。

第五十条　从业人员应当接受安全生产教育和培训，掌握本职工作所需的安全生产知识，提高安全生产技能，增强事故预防和应急处理能力。

第五十一条　从业人员发现事故隐患或者其它不安全因素，应当立即向现场安全生产管理人员或者本单位负责人报告；接到报告的人员应当及时予以处理。

第五十二条 工会有权对建设项目的安全设施与主体工程同时设计、同时施工、同时投入生产和使用进行监督，提出意见。

工会对生产经营单位违反安全生产法律、法规，侵犯从业人员合法权益的行为，有权要求纠正；发现生产经营单位违章指挥、强令冒险作业或者发现事故隐患时，有权提出解决的建议，生产经营单位应当及时研究答复；发现危及从业人员生命安全的情况时，有权向生产经营单位建议组织从业人员撤离危险场所，生产经营单位必须立即作出处理。

工会有权依法参加事故调查，向有关部门提出处理意见，并要求追究有关人员的责任。

第四章 安全生产的监督管理

第五十三条 县级以上地方各级人民政府应当根据本行政区域内的安全生产状况，组织有关部门按照职责分工，对本行政区域内容易发生重大生产安全事故的生产经营单位进行严格检查；发现事故隐患，应当及时处理。

第五十四条 依照本法第九条规定对安全生产负有监督管理职责的部门（以下统称负有安全生产监督管理职责的部门）依照有关法律、法规的规定，对涉及安全生产的事项需要审查批准（包括批准、核准、许可、注册、认证、颁发证照等，下同）或者验收的，必须严格依照有关法律、法规和国家标准或者行业标准规定的安全生产条件和程序进行审查；不符合有关法律、法规和国家标准或者行业标准规定的安全生产条件的，不得批准或者验收通过。对未依法取得批准或者验收合格的单位擅自从事有关活动的，负责行政审批的部门发现或者接到举报后应当立即予以取缔，并依法予以处理。对已经依法取得批准的单位，负责行政审批的部门发现其不再具备安全生产条件的，应当撤销原批准。

第五十五条 负有安全生产监督管理职责的部门对涉及安全生产

的事项进行审查、验收，不得收取费用；不得要求接受审查、验收的单位购买其指定品牌或者指定生产、销售单位的安全设备、器材或者其它产品。

第五十六条 负有安全生产监督管理职责的部门依法对生产经营单位执行有关安全生产的法律、法规和国家标准或者行业标准的情况进行监督检查，行使以下职权：

（一）进入生产经营单位进行检查，调阅有关资料，向有关单位和人员了解情况。

（二）对检查中发现的安全生产违法行为，当场予以纠正或者要求限期改正；对依法应当给予行政处罚的行为，依照本法和其它有关法律、行政法规的规定作出行政处罚决定。

（三）对检查中发现的事故隐患，应当责令立即排除；重大事故隐患排除前或者排除过程中无法保证安全的，应当责令从危险区域内撤出作业人员，责令暂时停产停业或者停止使用；重大事故隐患排除后，经审查同意，方可恢复生产经营和使用。

（四）对有根据认为不符合保障安全生产的国家标准或者行业标准的设施、设备、器材予以查封或者扣押，并应当在十五日内依法作出处理决定。监督检查不得影响被检查单位的正常生产经营活动。

第五十七条 生产经营单位对负有安全生产监督管理职责的部门的监督检查人员（以下统称安全生产监督检查人员）依法履行监督检查职责，应当予以配合，不得拒绝、阻挠。

第五十八条 安全生产监督检查人员应当忠于职守，坚持原则，秉公执法。

安全生产监督检查人员执行监督检查任务时，必须出示有效的监督执法证件；对涉及被检查单位的技术秘密和业务秘密，应当为其保密。

第五十九条 安全生产监督检查人员应当将检查的时间、地点、内容、发现的问题及其处理情况，作出书面记录，并由检查人员和被检查单位的负责人签字；被检查单位的负责人拒绝签字的，检查人员应当将情况记录在案，并向负有安全生产监督管理职责的部门报告。

第六十条 负有安全生产监督管理职责的部门在监督检查中，应当互相配合，实行联合检查；确需分别进行检查的，应当互通情况，发现存在的安全问题应当由其它有关部门进行处理的，应当及时移送其它有关部门并形成记录备查，接受移送的部门应当及时进行处理。

第六十一条 监察机关依照行政监察法的规定，对负有安全生产监督管理职责的部门及其工作人员履行安全生产监督管理职责实施监察。

第六十二条 承担安全评价、认证、检测、检验的机构应当具备国家规定的资质条件，并对其作出的安全评价、认证、检测、检验的结果负责。

第六十三条 负有安全生产监督管理职责的部门应当建立举报制度，公开举报电话、信箱或者电子邮件地址，受理有关安全生产的举报；受理的举报事项经调查核实后，应当形成书面材料；需要落实整改措施的，报经有关负责人签字并督促落实。

第六十四条 任何单位或者个人对事故隐患或者安全生产违法行为，均有权向负有安全生产监督管理职责的部门报告或者举报。

第六十五条 居民委员会、村民委员会发现其所在区域内的生产经营单位存在事故隐患或者安全生产违法行为时，应当向当地人民政府或者有关部门报告。

第六十六条 县级以上各级人民政府及其有关部门对报告重大事故隐患或者举报安全生产违法行为的有功人员，给予奖励。具体奖励办法由国务院负责安全生产监督管理的部门会同国务院财政部门制定。

第六十七条 新闻、出版、广播、电影、电视等单位有进行安全生产宣传教育的义务，有对违反安全生产法律、法规的行为进行舆论监督的权利。

第五章 生产安全事故的应急救援与调查处理

第六十八条 县级以上地方各级人民政府应当组织有关部门制定本行政区域内特大生产安全事故应急救援预案，建立应急救援体系。

第六十九条 危险物品的生产、经营、储存单位以及矿山、建筑施工单位应当建立应急救援组织；生产经营规模较小，可以不建立应急救援组织的，应当指定兼职的应急救援人员。

危险物品的生产、经营、储存单位以及矿山、建筑施工单位应当配备必要的应急救援器材、设备，并进行经常性维护、保养，保证正常运转。

第七十条 生产经营单位发生生产安全事故后，事故现场有关人员应当立即报告本单位负责人。

单位负责人接到事故报告后，应当迅速采取有效措施，组织抢救，防止事故扩大，减少人员伤亡和财产损失，并按照国家有关规定立即如实报告当地负有安全生产监督管理职责的部门，不得隐瞒不报、谎报或者拖延不报，不得故意破坏事故现场、毁灭有关证据。

第七十一条 负有安全生产监督管理职责的部门接到事故报告后，应当立即按照国家有关规定上报事故情况。负有安全生产监督管理职责的部门和有关地方人民政府对事故情况不得隐瞒不报、谎报或者拖延不报。

第七十二条 有关地方人民政府和负有安全生产监督管理职责的部门的负责人接到重大生产安全事故报告后，应当立即赶到事故现场，组织事故抢救。

任何单位和个人都应当支持、配合事故抢救，并提供一切便利条件。

第七十三条 事故调查处理应当按照实事求是、尊重科学的原则，及时、准确地查清事故原因，查明事故性质和责任，总结事故教训，提出整改措施，并对事故责任者提出处理意见。事故调查和处理的具体办法由国务院制定。

第七十四条 生产经营单位发生生产安全事故，经调查确定为责任事故的，除了应当查明事故单位的责任并依法予以追究外，还应当查明对安全生产的有关事项负有审查批准和监督职责的行政部门的责任，对有失职、渎职行为的，依照本法第七十七条的规定追究法律责任。

第七十五条 任何单位和个人不得阻挠和干涉对事故的依法调查处理。

第七十六条 县级以上地方各级人民政府负责安全生产监督管理的部门应当定期统计分析本行政区域内发生生产安全事故的情况，并定期向社会公布。

第六章 法律责任

第七十七条 负有安全生产监督管理职责的部门的工作人员，有下列行为之一的，给予降级或者撤职的行政处分；构成犯罪的，依照刑法有关规定追究刑事责任：

（一）对不符合法定安全生产条件的涉及安全生产的事项予以批准或者验收通过的；

（二）发现未依法取得批准、验收的单位擅自从事有关活动或者接到举报后不予取缔或者不依法予以处理的；

（三）对已经依法取得批准的单位不履行监督管理职责，发现其不再具备安全生产条件而不撤销原批准或者发现安全生产违法行为不予查处的。

第七十八条 负有安全生产监督管理职责的部门，要求被审查、验收的单位购买其指定的安全设备、器材或者其它产品的，在对安全生产事项的审查、验收中收取费用的，由其上级机关或者监察机关责令改正，责令退还收取的费用；情节严重的，对直接负责的主管人员和其它直接责任人员依法给予行政处分。

第七十九条 承担安全评价、认证、检测、检验工作的机构，出具虚假证明，构成犯罪的，依照刑法有关规定追究刑事责任；尚不够刑事处罚的，没收违法所得，违法所得在五千元以上的，并处违法所得二倍以上五倍以下的罚款，没有违法所得或者违法所得不足五千元的，单处或者并处五千元以上二万元以下的罚款，对其直接负责的主管人员和其它直接责任人员处五千元以上五万元以下的罚款；给他人造成损害的，与生产经营单位承担连带赔偿责任。

对有前款违法行为的机构，撤销其相应资格。

第八十条 生产经营单位的决策机构、主要负责人、个人经营的投资人不依照本法规定保证安全生产所必需的资金投入，致使生产经营单位不具备安全生产条件的，责令限期改正，提供必需的资金；逾期未改正的，责令生产经营单位停产停业整顿。

有前款违法行为，导致发生生产安全事故，构成犯罪的，依照刑法有关规定追究刑事责任；尚不够刑事处罚的，对生产经营单位的主要负责人给予撤职处分，对个人经营的投资人处二万元以上二十万元以下的罚款。

第八十一条 生产经营单位的主要负责人未履行本法规定的安全生产管理职责的，责令限期改正；逾期未改正的，责令生产经营单位停产停业整顿。

生产经营单位的主要负责人有前款违法行为，导致发生生产安全事故，构成犯罪的，依照刑法有关规定追究刑事责任；尚不够刑事处罚的，给予撤职处分或者处二万元以上二十万元以下的罚款。

生产经营单位的主要负责人依照前款规定受刑事处罚或者撤职处分的，自刑罚执行完毕或者受处分之日起，五年内不得担任任何生产经营单位的主要负责人。

第八十二条 生产经营单位有下列行为之一的，责令限期改正；逾期未改正的，责令停产停业整顿，可以并处二万元以下的罚款：

（一）未按照规定设立安全生产管理机构或者配备安全生产管理人员的；

（二）危险物品的生产、经营、储存单位以及矿山、建筑施工单位的主要负责人和安全生产管理人员未按照规定经考核合格的；

（三）未按照本法第二十一条、第二十二条的规定对从业人员进行安全生产教育和培训，或者未按照本法第三十六条的规定如实告知从业人员有关的安全生产事项的；

（四）特种作业人员未按照规定经专门的安全作业培训并取得特种作业操作资格证书，上岗作业的。

第八十三条 生产经营单位有下列行为之一的，责令限期改正；逾期未改正的，责令停止建设或者停产停业整顿，可以并处五万元以下的罚款；造成严重后果，构成犯罪的，依照刑法有关规定追究刑事责任：

（一）矿山建设项目或者用于生产、储存危险物品的建设项目没有安全设施设计或者安全设施设计未按照规定报经有关部门审查同意的；

（二）矿山建设项目或者用于生产、储存危险物品的建设项目的施工单位未按照批准的安全设施设计施工的；

（三）矿山建设项目或者用于生产、储存危险物品的建设项目竣工投入生产或者使用前，安全设施未经验收合格的；

（四）未在有较大危险因素的生产经营场所和有关设施、设备上设置明显的安全警示标志的；

（五）安全设备的安装、使用、检测、改造和报废不符合国家标准或者行业标准的；

（六）未对安全设备进行经常性维护、保养和定期检测的；

（七）未为从业人员提供符合国家标准或者行业标准的劳动防护用品的；

（八）特种设备以及危险物品的容器、运输工具未经取得专业资质的机构检测、检验合格，取得安全使用证或者安全标志，投入使用的；

（九）使用国家明令淘汰、禁止使用的危及生产安全的工艺、设备的。

第八十四条 未经依法批准，擅自生产、经营、储存危险物品的，责令停止违法行为或者予以关闭，没收违法所得，违法所得十万元以上的，并处违法所得一倍以上五倍以下的罚款，没有违法所得或者违法所得不足十万元的，单处或者并处二万元以上十万元以下的罚款；造成严重后果，构成犯罪的，依照刑法有关规定追究刑事责任。

第八十五条 生产经营单位有下列行为之一的，责令限期改正；逾期未改正的，责令停产停业整顿，可以并处二万元以上十万元以下的罚款；造成严重后果，构成犯罪的，依照刑法有关规定追究刑事责任：

（一）生产、经营、储存、使用危险物品，未建立专门安全管理制度、未采取可靠的安全措施或者不接受有关主管部门依法实施的监督管理的；

（二）对重大危险源未登记建档，或者未进行评估、监控，或者未制定应急预案的；

（三）进行爆破、吊装等危险作业，未安排专门管理人员进行现场安全管理的。

第八十六条　生产经营单位将生产经营项目、场所、设备发包或者出租给不具备安全生产条件或者相应资质的单位或者个人的，责令限期改正，没收违法所得；违法所得五万元以上的，并处违法所得一倍以上五倍以下的罚款；没有违法所得或者违法所得不足五万元的，单处或者并处一万元以上五万元以下的罚款；导致发生生产安全事故给他人造成损害的，与承包方、承租方承担连带赔偿责任。

生产经营单位未与承包单位、承租单位签订专门的安全生产管理协议或者未在承包合同、租赁合同中明确各自的安全生产管理职责，或者未对承包单位、承租单位的安全生产统一协调、管理的，责令限期改正；逾期未改正的，责令停产停业整顿。

第八十七条　两个以上生产经营单位在同一作业区域内进行可能危及对方安全生产的生产经营活动，未签订安全生产管理协议或者未指定专职安全生产管理人员进行安全检查与协调的，责令限期改正；逾期未改正的，责令停产停业。

第八十八条　生产经营单位有下列行为之一的，责令限期改正；逾期未改正的，责令停产停业整顿；造成严重后果，构成犯罪的，依照刑法有关规定追究刑事责任：

（一）生产、经营、储存、使用危险物品的车间、商店、仓库与员工宿舍在同一座建筑内，或者与员工宿舍的距离不符合安全要求的；

（二）生产经营场所和员工宿舍未设有符合紧急疏散需要、标志明显、保持畅通的出口，或者封闭、堵塞生产经营场所或者员工宿舍出口的。

第八十九条　生产经营单位与从业人员订立协议，免除或者减轻其对从业人员因生产安全事故伤亡依法应承担的责任的，该协议无效；对生产经营单位的主要负责人、个人经营的投资人处二万元以上十万元以下的罚款。

第九十条 生产经营单位的从业人员不服从管理，违反安全生产规章制度或者操作规程的，由生产经营单位给予批评教育，依照有关规章制度给予处分；造成重大事故，构成犯罪的，依照刑法有关规定追究刑事责任。

第九十一条 生产经营单位主要负责人在本单位发生重大生产安全事故时，不立即组织抢救或者在事故调查处理期间擅离职守或者逃匿的，给予降职、撤职的处分，对逃匿的处十五日以下拘留；构成犯罪的，依照刑法有关规定追究刑事责任。

生产经营单位主要负责人对生产安全事故隐瞒不报、谎报或者拖延不报的，依照前款规定处罚。

第九十二条 有关地方人民政府、负有安全生产监督管理职责的部门，对生产安全事故隐瞒不报、谎报或者拖延不报的，对直接负责的主管人员和其它直接责任人员依法给予行政处分；构成犯罪的，依照刑法有关规定追究刑事责任。

第九十三条 生产经营单位不具备本法和其它有关法律、行政法规和国家标准或者行业标准规定的安全生产条件，经停产停业整顿仍不具备安全生产条件的，予以关闭；有关部门应当依法吊销其有关证照。

第九十四条 本法规定的行政处罚，由负责安全生产监督管理的部门决定；予以关闭的行政处罚由负责安全生产监督管理的部门报请县级以上人民政府按照国务院规定的权限决定；给予拘留的行政处罚由公安机关依照治安管理处罚条例的规定决定。有关法律、行政法规对行政处罚的决定机关另有规定的，依照其规定。

第九十五条 生产经营单位发生生产安全事故造成人员伤亡、他人财产损失的，应当依法承担赔偿责任；拒不承担或者其负责人逃匿的，由人民法院依法强制执行。

生产安全事故的责任人未依法承担赔偿责任，经人民法院依法采取执行措施后，仍不能对受害人给予足额赔偿的，应当继续履行赔偿义务；受害人发现责任人有其它财产的，可以随时请求人民法院执行。

第七章　附　则

第九十六条　本法下列用语的含义：

危险物品，是指易燃易爆物品、危险化学品、放射性物品等能够危及人身安全和财产安全的物品。

重大危险源，是指长期地或者临时地生产、搬运、使用或者储存危险物品，且危险物品的数量等于或者超过临界量的单元（包括场所和设施）。

第九十七条　本法自2002年11月1日起施行。

2 中华人民共和国职业病防治法

第一章 总 则

第一条 为了预防、控制和消除职业病危害，防治职业病，保护劳动者健康及其相关权益，促进经济发展，根据宪法，制定本法。

第二条 本法适用于中华人民共和国领域内的职业病防治活动。

本法所称职业病，是指企业、事业单位和个体经济组织（以下统称用人单位）的劳动者在职业活动中，因接触粉尘、放射性物质和其它有毒、有害物质等因素而引起的疾病。

职业病的分类和目录由国务院卫生行政部门会同国务院劳动保障行政部门规定、调整并公布。

第三条 职业病防治工作坚持预防为主、防治结合的方针，实行分类管理、综合治理。

第四条 劳动者依法享有职业卫生保护的权利。用人单位应当为劳动者创造符合国家职业卫生标准和卫生要求的工作环境和条件，并采取措施保障劳动者获得职业卫生保护。

第五条 用人单位应当建立、健全职业病防治责任制，加强对职业病防治的管理，提高职业病防治水平，对本单位产生的职业病危害承担责任。

第六条 用人单位必须依法参加工伤社会保险。国务院和县级以上地方人民政府劳动保障行政部门应当加强对工伤社会保险的监督管理，确保劳动者依法享受工伤社会保险待遇。

第七条 国家鼓励研制、开发、推广、应用有利于职业病防治和保护劳动者健康的新技术、新工艺、新材料，加强对职业病的机理和发生规律的基础研究，提高职业病防治科学技术水平；积极采用有效的职业病防治技术、工艺、材料；限制使用或者淘汰职业病危害严重的技术、工艺、材料。

第八条 国家实行职业卫生监督制度。国务院卫生行政部门统一负责全国职业病防治的监督管理工作。国务院有关部门在各自的职责范围内负责职业病防治的有关监督管理工作。

县级以上地方人民政府卫生行政部门负责本行政区域内职业病防治的监督管理工作。县级以上地方人民政府有关部门在各自的职责范围内负责职业病防治的有关监督管理工作。

第九条 国务院和县级以上地方人民政府应当制定职业病防治规划，将其纳入国民经济和社会发展计划，并组织实施。

乡、民族乡、镇的人民政府应当认真执行本法，支持卫生行政部门依法履行职责。

第十条 县级以上人民政府卫生行政部门和其它有关部门应当加强对职业病防治的宣传教育，普及职业病防治的知识，增强用人单位的职业病防治观念，提高劳动者的自我健康保护意识。

第十一条 有关防治职业病的国家职业卫生标准，由国务院卫生行政部门制定并公布。

第十二条 任何单位和个人有权对违反本法的行为进行检举和控告。对防治职业病成绩显著的单位和个人，给予奖励。

第二章 前期预防

第十三条 产生职业病危害的用人单位的设立除应当符合法律、行政法规规定的设立条件外，其工作场所还应当符合下列职业卫生要求：

（一）职业病危害因素的强度或者浓度符合国家职业卫生标准；

（二）有与职业病危害防护相适应的设施；

（三）生产布局合理，符合有害与无害作业分开的原则；

（四）有配套的更衣间、洗浴间、孕妇休息间等卫生设施；

（五）设备、工具、用具等设施符合保护劳动者生理、心理健康的要求；

（六）法律、行政法规和国务院卫生行政部门关于保护劳动者健康的其它要求。

第十四条 在卫生行政部门中建立职业病危害项目的申报制度。

用人单位设有依法公布的职业病目录所列职业病的危害项目的，应当及时、如实向卫生行政部门申报，接受监督。

职业病危害项目申报的具体办法由国务院卫生行政部门制定。

第十五条 新建、扩建、改建建设项目和技术改造、技术引进项目（以下统称建设项目）可能产生职业病危害的，建设单位在可行性论证阶段应当向卫生行政部门提交职业病危害预评价报告。卫生行政部门应当自收到职业病危害预评价报告之日起三十日内，作出审核决定并书面通知建设单位。未提交预评价报告或者预评价报告未经卫生行政部门审核同意的，有关部门不得批准该建设项目。职业病危害预评价报告应当对建设项目可能产生的职业病危害因素及其对工作场所和劳动者健康的影响作出评价，确定危害类别和职业病防护措施。建设项目职业病危害分类目录和分类管理办法由国务院卫生行政部门制定。

第十六条 建设项目的职业病防护设施所需费用应当纳入建设项目工程预算，并与主体工程同时设计，同时施工，同时投入生产和使用。

职业病危害严重的建设项目的防护设施设计，应当经卫生行政部门进行卫生审查，符合国家职业卫生标准和卫生要求的，方可施工。

建设项目在竣工验收前，建设单位应当进行职业病危害控制效果评价。建设项目竣工验收时，其职业病防护设施经卫生行政部门验收合格后，方可投入正式生产和使用。

第十七条 职业病危害预评价、职业病危害控制效果评价由依法设立的取得省级以上人民政府卫生行政部门资质认证的职业卫生技术服务机构进行。职业卫生技术服务机构所作评价应当客观、真实。

第十八条 国家对从事放射、高毒等作业实行特殊管理。具体管理办法由国务院制定。

第三章 劳动过程中的防护与管理

第十九条 用人单位应当采取下列职业病防治管理措施：

（一）设置或者指定职业卫生管理机构或者组织，配备专职或者兼职的职业卫生专业人员，负责本单位的职业病防治工作；

（二）制定职业病防治计划和实施方案；

（三）建立、健全职业卫生管理制度和操作规程；

（四）建立、健全职业卫生档案和劳动者健康监护档案；

（五）建立、健全工作场所职业病危害因素监测及评价制度；

（六）建立、健全职业病危害事故应急救援预案。

第二十条 用人单位必须采用有效的职业病防护设施，并为劳动者提供个人使用的职业病防护用品。用人单位为劳动者个人提供的职业病防护用品必须符合防治职业病的要求；不符合要求的，不得使用。

第二十一条 用人单位应当优先采用有利于防治职业病和保护劳动者健康的新技术、新工艺、新材料，逐步替代职业病危害严重的技术、工艺、材料。

第二十二条 产生职业病危害的用人单位，应当在醒目位置设置公告栏，公布有关职业病防治的规章制度、操作规程、职业病危害事故应急救援措施和工作场所职业病危害因素检测结果。

对产生严重职业病危害的作业岗位，应当在其醒目位置，设置警示标识和中文警示说明。警示说明应当载明产生职业病危害的种类、后果、预防以及应急救治措施等内容。

第二十三条 对可能发生急性职业损伤的有毒、有害工作场所，用人单位应当设置报警装置，配置现场急救用品、冲洗设备、应急撤离通道和必要的泄险区。对放射工作场所和放射性同位素的运输、贮存，用人单位必须配置防护设备和报警装置，保证接触放射线的工作人员佩戴个人剂量计。

对职业病防护设备、应急救援设施和个人使用的职业病防护用品，用人单位应当进行经常性的维护、检修，定期检测其性能和效果，确保其处于正常状态，不得擅自拆除或者停止使用。

第二十四条 用人单位应当实施由专人负责的职业病危害因素日常监测，并确保监测系统处于正常运行状态。用人单位应当按照国务院卫生行政部门的规定，定期对工作场所进行职业病危害因素检测、评价。检测、评价结果存入用人单位职业卫生档案，定期向所在地卫生行政部门报告并向劳动者公布。

职业病危害因素检测、评价由依法设立的取得省级以上人民政府卫生行政部门资质认证的职业卫生技术服务机构进行。职业卫生技术服务机构所作检测、评价应当客观、真实。

发现工作场所职业病危害因素不符合国家职业卫生标准和卫生要求时，用人单位应当立即采取相应治理措施，仍然达不到国家职业卫生标准和卫生要求的，必须停止存在职业病危害因素的作业；职业病危害因素经治理后，符合国家职业卫生标准和卫生要求的，方可重新作业。

第二十五条 向用人单位提供可能产生职业病危害的设备的，应当提供中文说明书，并在设备的醒目位置设置警示标识和中文警示说明。警示说明应当载明设备性能、可能产生的职业病危害、安全操作和维护注意事项、职业病防护以及应急救治措施等内容。

第二十六条 向用人单位提供可能产生职业病危害的化学品、放射性同位素和含有放射性物质的材料的，应当提供中文说明书。说明书应当载明产品特性、主要成分、存在的有害因素、可能产生的危害后果、安全使用注意事项、职业病防护以及应急救治措施等内容。产品包装应当有醒目的警示标识和中文警示说明。贮存上述材料的场所应当在规定的部位设置危险物品标识或者放射性警示标识。

国内首次使用或者首次进口与职业病危害有关的化学材料，使用单位或者进口单位按照国家规定经国务院有关部门批准后，应当向国务院卫生行政部门报送该化学材料的毒性鉴定以及经有关部门登记注册或者批准进口的文件等资料。

进口放射性同位素、射线装置和含有放射性物质的物品的，按照国家有关规定办理。

第二十七条 任何单位和个人不得生产、经营、进口和使用国家明令禁止使用的可能产生职业病危害的设备或者材料。

第二十八条 任何单位和个人不得将产生职业病危害的作业转移给不具备职业病防护条件的单位和个人。不具备职业病防护条件的单位和个人不得接受产生职业病危害的作业。

第二十九条 用人单位对采用的技术、工艺、材料，应当知悉其产生的职业病危害，对有职业病危害的技术、工艺、材料隐瞒其危害而采用的，对所造成的职业病危害后果承担责任。

第三十条 用人单位与劳动者订立劳动合同（含聘用合同，下同）时，应当将工作过程中可能产生的职业病危害及其后果、职业病防护措施和待遇等如实告知劳动者，并在劳动合同中写明，不得隐瞒或者欺骗。劳动者在已订立劳动合同期间因工作岗位或者工作内容变更，从事与所订立劳动合同中未告知的存在职业病危害的作业时，用人单位应当依照前款规定，向劳动者履行如实告知的义务，并协商变更原劳动合同相关条款。用人单位违反前两款规定的，劳动者有权拒绝从事存在职业病危害的作业，用人单位不得因此解除或者终止与劳动者所订立的劳动合同。

第三十一条 用人单位的负责人应当接受职业卫生培训，遵守职业病防治法律、法规，依法组织本单位的职业病防治工作。

用人单位应当对劳动者进行上岗前的职业卫生培训和在岗期间的定期职业卫生培训，普及职业卫生知识，督促劳动者遵守职业病防治法律、法规、规章和操作规程，指导劳动者正确使用职业病防护设备和个人使用的职业病防护用品。

劳动者应当学习和掌握相关的职业卫生知识，遵守职业病防治法律、法规、规章和操作规程，正确使用、维护职业病防护设备和个人使用的职业病防护用品，发现职业病危害事故隐患应当及时报告。

劳动者不履行前款规定义务的，用人单位应当对其进行教育。

第三十二条 对从事接触职业病危害的作业的劳动者，用人单位应当按照国务院卫生行政部门的规定组织上岗前、在岗期间和离岗时的职业健康检查，并将检查结果如实告知劳动者。职业健康检查费用由用人单位承担。用人单位不得安排未经上岗前职业健康检查的劳动者从事接触职业病危害的作业；不得安排有职业禁忌的劳动者从事其所禁忌的作业；对在职业健康检查中发现有与所从事的职业相关的健康损害的劳动者，应当调离原工作岗位，并妥善安置；对未进行离岗前职业健康检查的劳动者不得解除或者终止与其订立的劳动合同。职业健康检查应当由省级以上人民政府卫生行政部门批准的医疗卫生机构承担。

第三十三条 用人单位应当为劳动者建立职业健康监护档案，并按照规定的期限妥善保存。职业健康监护档案应当包括劳动者的职业史、职业病危害接触史、职业健康检查结果和职业病诊疗等有关个人健康资料。

劳动者离开用人单位时，有权索取本人职业健康监护档案复印件，用人单位应当如实、无偿提供，并在所提供的复印件上签章。

第三十四条 发生或者可能发生急性职业病危害事故时，用人单位应当立即采取应急救援和控制措施，并及时报告所在地卫生行政部门和有关部门。卫生行政部门接到报告后，应当及时会同有关部门组织调查处理；必要时，可以采取临时控制措施。

对遭受或者可能遭受急性职业病危害的劳动者，用人单位应当及时组织救治、进行健康检查和医学观察，所需费用由用人单位承担。

第三十五条 用人单位不得安排未成年工从事接触职业病危害的作业；不得安排孕期、哺乳期的女职工从事对本人和胎儿、婴儿有危害的作业。

第三十六条 劳动者享有下列职业卫生保护权利：

（一）获得职业卫生教育、培训；

（二）获得职业健康检查、职业病诊疗、康复等职业病防治服务；

（三）了解工作场所产生或者可能产生的职业病危害因素、危害后果和应当采取的职业病防护措施；

（四）要求用人单位提供符合防治职业病要求的职业病防护设施和个人使用的职业病防护用品，改善工作条件；

（五）对违反职业病防治法律、法规以及危及生命健康的行为提出批评、检举和控告；

（六）拒绝违章指挥和强令进行没有职业病防护措施的作业；

（七）参与用人单位职业卫生工作的民主管理，对职业病防治工作提出意见和建议。

用人单位应当保障劳动者行使前款所列权利。因劳动者依法行使正当权利而降低其工资、福利等待遇或者解除、终止与其订立的劳动合同的，其行为无效。

第三十七条 工会组织应当督促并协助用人单位开展职业卫生宣传教育和培训，对用人单位的职业病防治工作提出意见和建议，与用人单位就劳动者反映的有关职业病防治的问题进行协调并督促解决。

工会组织对用人单位违反职业病防治法律、法规，侵犯劳动者合法权益的行为，有权要求纠正；产生严重职业病危害时，有权要求采取防护措施，或者向政府有关部门建议采取强制性措施；发生职业病危害事故时，有权参与事故调查处理；发现危及劳动者生命健康的情形时，有权向用人单位建议组织劳动者撤离危险现场，用人单位应当立即作出处理。

第三十八条 用人单位按照职业病防治要求，用于预防和治理职业病危害、工作场所卫生检测、健康监护和职业卫生培训等费用，按照国家有关规定，在生产成本中据实列支。

第四章 职业病诊断与职业病病人保障

第三十九条 职业病诊断应当由省级以上人民政府卫生行政部门批准的医疗卫生机构承担。

第四十条 劳动者可以在用人单位所在地或者本人居住地依法承担职业病诊断的医疗卫生机构进行职业病诊断。

第四十一条 职业病诊断标准和职业病诊断、鉴定办法由国务院卫生行政部门制定。职业病伤残等级的鉴定办法由国务院劳动保障行政部门会同国务院卫生行政部门制定。

第四十二条 职业病诊断，应当综合分析下列因素：

（一）病人的职业史；

（二）职业病危害接触史和现场危害调查与评价；

（三）临床表现以及辅助检查结果等。没有证据否定职业病危害因素与病人临床表现之间的必然联系的，在排除其它致病因素后，应当诊断为职业病。

承担职业病诊断的医疗卫生机构在进行职业病诊断时，应当组织三名以上取得职业病诊断资格的执业医师集体诊断。

职业病诊断证明书应当由参与诊断的医师共同签署，并经承担职业病诊断的医疗卫生机构审核盖章。

第四十三条 用人单位和医疗卫生机构发现职业病病人或者疑似职业病病人时，应当及时向所在地卫生行政部门报告。确诊为职业病的，用人单位还应当向所在地劳动保障行政部门报告。

卫生行政部门和劳动保障行政部门接到报告后，应当依法作出处理。

第四十四条 县级以上地方人民政府卫生行政部门负责本行政区域内的职业病统计报告的管理工作，并按照规定上报。

第四十五条 当事人对职业病诊断有异议的，可以向作出诊断的医疗卫生机构所在地地方人民政府卫生行政部门申请鉴定。

职业病诊断争议由设区的市级以上地方人民政府卫生行政部门根据当事人的申请，组织职业病诊断鉴定委员会进行鉴定。

当事人对设区的市级职业病诊断鉴定委员会的鉴定结论不服的，可以向省、自治区、直辖市人民政府卫生行政部门申请再鉴定。

第四十六条 职业病诊断鉴定委员会由相关专业的专家组成。

省、自治区、直辖市人民政府卫生行政部门应当设立相关的专家库，需要对职业病争议作出诊断鉴定时，由当事人或者当事人委托有关卫生行政部门从专家库中以随机抽取的方式确定参加诊断鉴定委员会的专家。职业病诊断鉴定委员会应当按照国务院卫生行政部门颁布的职业病诊断标准和职业病诊断、鉴定办法进行职业病诊断鉴定，向当事人出具职业病诊断鉴定书。职业病诊断鉴定费用由用人单位承担。

第四十七条 职业病诊断鉴定委员会组成人员应当遵守职业道德，客观、公正地进行诊断鉴定，并承担相应的责任。职业病诊断鉴定委员会组成人员不得私下接触当事人，不得收受当事人的财物或者其它好处，与当事人有利害关系的，应当回避。

人民法院受理有关案件需要进行职业病鉴定时，应当从省、自治区、直辖市人民政府卫生行政部门依法设立的相关的专家库中选取参加鉴定的专家。

第四十八条 职业病诊断、鉴定需要用人单位提供有关职业卫生和健康监护等资料时，用人单位应当如实提供，劳动者和有关机构也应当提供与职业病诊断、鉴定有关的资料。

第四十九条 医疗卫生机构发现疑似职业病病人时，应当告知劳动者本人并及时通知用人单位。用人单位应当及时安排对疑似职业病病人进行诊断；在疑似职业病病人诊断或者医学观察期间，不得解除或者终止与其订立的劳动合同。

疑似职业病病人在诊断、医学观察期间的费用，由用人单位承担。

第五十条 职业病病人依法享受国家规定的职业病待遇。

用人单位应当按照国家有关规定，安排职业病病人进行治疗、康复和定期检查。

用人单位对不适宜继续从事原工作的职业病病人，应当调离原岗位，并妥善安置。

用人单位对从事接触职业病危害的作业的劳动者，应当给予适当岗位津贴。

第五十一条 职业病病人的诊疗、康复费用，伤残以及丧失劳动能力的职业病病人的社会保障，按照国家有关工伤社会保险的规定执行。

第五十二条 职业病病人除依法享有工伤社会保险外，依照有关民事法律，尚有获得赔偿的权利的，有权向用人单位提出赔偿要求。

第五十三条 劳动者被诊断患有职业病，但用人单位没有依法参加工伤社会保险的，其医疗和生活保障由最后的用人单位承担；最后的用人单位有证据证明该职业病是先前用人单位的职业病危害造成的，由先前的用人单位承担。

第五十四条 职业病病人变动工作单位，其依法享有的待遇不变。

用人单位发生分立、合并、解散、破产等情形的，应当对从事接触职业病危害的作业的劳动者进行健康检查，并按照国家有关规定妥善安置职业病病人。

第五章 监督检查

第五十五条 县级以上人民政府卫生行政部门依照职业病防治法

律、法规、国家职业卫生标准和卫生要求，依据职责划分，对职业病防治工作及职业病危害检测、评价活动进行监督检查。

第五十六条 卫生行政部门履行监督检查职责时，有权采取下列措施：

（一）进入被检查单位和职业病危害现场，了解情况，调查取证；

（二）查阅或者复制与违反职业病防治法律、法规的行为有关的资料和采集样品；

（三）责令违反职业病防治法律、法规的单位和个人停止违法行为。

第五十七条 发生职业病危害事故或者有证据证明危害状态可能导致职业病危害事故发生时，卫生行政部门可以采取下列临时控制措施：

（一）责令暂停导致职业病危害事故的作业；

（二）封存造成职业病危害事故或者可能导致职业病危害事故发生的材料和设备；

（三）组织控制职业病危害事故现场。在职业病危害事故或者危害状态得到有效控制后，卫生行政部门应当及时解除控制措施。

第五十八条 职业卫生监督执法人员依法执行职务时，应当出示监督执法证件。

职业卫生监督执法人员应当忠于职守，秉公执法，严格遵守执法规范；涉及用人单位的秘密的，应当为其保密。

第五十九条 职业卫生监督执法人员依法执行职务时，被检查单位应当接受检查并予以支持配合，不得拒绝和阻碍。

第六十条 卫生行政部门及其职业卫生监督执法人员履行职责时，不得有下列行为：

（一）对不符合法定条件的，发给建设项目有关证明文件、资质证明文件或者予以批准；

（二）对已经取得有关证明文件的，不履行监督检查职责；

（三）发现用人单位存在职业病危害的，可能造成职业病危害事故，不及时依法采取控制措施；

（四）其它违反本法的行为。

第六十一条 职业卫生监督执法人员应当依法经过资格认定。

卫生行政部门应当加强队伍建设，提高职业卫生监督执法人员的政治、业务素质，依照本法和其它有关法律、法规的规定，建立、健全内部监督制度，对其工作人员执行法律、法规和遵守纪律的情况，进行监督检查。

第六章 法律责任

第六十二条 建设单位违反本法规定，有下列行为之一的，由卫生行政部门给予警告，责令限期改正；逾期不改正的，处十万元以上五十万元以下的罚款；情节严重的，责令停止产生职业病危害的作业，或者提请有关人民政府按照国务院规定的权限责令停建、关闭：

（一）未按照规定进行职业病危害预评价或者未提交职业病危害预评价报告，或者职业病危害预评价报告未经卫生行政部门审核同意，擅自开工的；

（二）建设项目的职业病防护设施未按照规定与主体工程同时投入生产和使用的；

（三）职业病危害严重的建设项目，其职业病防护设施设计不符合国家职业卫生标准和卫生要求施工的；

（四）未按照规定对职业病防护设施进行职业病危害控制效果评价、未经卫生行政部门验收或者验收不合格，擅自投入使用的。

第六十三条 违反本法规定，有下列行为之一的，由卫生行政部门给予警告，责令限期改正；逾期不改正的，处二万元以下的罚款：

（一）工作场所职业病危害因素检测、评价结果没有存档、上报、公布的；

（二）未采取本法第十九条规定的职业病防治管理措施的；

（三）未按照规定公布有关职业病防治的规章制度、操作规程、职业病危害事故应急救援措施的；

（四）未按照规定组织劳动者进行职业卫生培训，或者未对劳动者个人职业病防护采取指导、督促措施的；

（五）国内首次使用或者首次进口与职业病危害有关的化学材料，未按照规定报送毒性鉴定资料以及经有关部门登记注册或者批准进口的文件的。

第六十四条 用人单位违反本法规定，有下列行为之一的，由卫生行政部门责令限期改正，给予警告，可以并处二万元以上五万元以下的罚款：

（一）未按照规定及时、如实向卫生行政部门申报产生职业病危害的项目的；

（二）未实施由专人负责的职业病危害因素日常监测，或者监测系统不能正常监测的；

（三）订立或者变更劳动合同时，未告知劳动者职业病危害真实情况的；

（四）未按照规定组织职业健康检查、建立职业健康监护档案或者未将检查结果如实告知劳动者的。

第六十五条 用人单位违反本法规定，有下列行为之一的，由卫生行政部门给予警告，责令限期改正，逾期不改正的，处五万元以上二十万元以下的罚款；情节严重的，责令停止产生职业病危害的作业，或者提请有关人民政府按照国务院规定的权限责令关闭：

（一）工作场所职业病危害因素的强度或者浓度超过国家职业卫生标准的；

（二）未提供职业病防护设施和个人使用的职业病防护用品，或者提供的职业病防护设施和个人使用的职业病防护用品不符合国家职业卫生标准和卫生要求的；

（三）对职业病防护设备、应急救援设施和个人使用的职业病防护用品未按照规定进行维护、检修、检测，或者不能保持正常运行、使用状态的；

（四）未按照规定对工作场所职业病危害因素进行检测、评价的；

（五）工作场所职业病危害因素经治理仍然达不到国家职业卫生标准和卫生要求时，未停止存在职业病危害因素的作业的；

（六）未按照规定安排职业病病人、疑似职业病病人进行诊治的；

（七）发生或者可能发生急性职业病危害事故时，未立即采取应急救援和控制措施或者未按照规定及时报告的；

（八）未按照规定在产生严重职业病危害的作业岗位醒目位置设置警示标识和中文警示说明的；

（九）拒绝卫生行政部门监督检查的。

第六十六条 向用人单位提供可能产生职业病危害的设备、材料，未按照规定提供中文说明书或者设置警示标识和中文警示说明的，由卫生行政部门责令限期改正，给予警告，并处五万元以上二十万元以下的罚款。

第六十七条 用人单位和医疗卫生机构未按照规定报告职业病、疑似职业病的，由卫生行政部门责令限期改正，给予警告，可以并处一万元以下的罚款；弄虚作假的，并处二万元以上五万元以下的罚款；对直接负责的主管人员和其它直接责任人员，可以依法给予降级或者撤职的处分。

第六十八条 违反本法规定，有下列情形之一的，由卫生行政部门责令限期治理，并处五万元以上三十万元以下的罚款；情节严重的，责令停止产生职业病危害的作业，或者提请有关人民政府按照国务院规定的权限责令关闭：

（一）隐瞒技术、工艺、材料所产生的职业病危害而采用的；

（二）隐瞒本单位职业卫生真实情况的；

（三）可能发生急性职业损伤的有毒、有害工作场所、放射工作场所或者放射性同位素的运输、贮存不符合本法第二十三条规定的；

（四）使用国家明令禁止使用的可能产生职业病危害的设备或者材料的；

（五）将产生职业病危害的作业转移给没有职业病防护条件的单位和个人，或者没有职业病防护条件的单位和个人接受产生职业病危害的作业的；

（六）擅自拆除、停止使用职业病防护设备或者应急救援设施的；

（七）安排未经职业健康检查的劳动者、有职业禁忌的劳动者、未成年工或者孕期、哺乳期女职工从事接触职业病危害的作业或者禁忌作业的；

（八）违章指挥和强令劳动者进行没有职业病防护措施的作业的。

第六十九条 生产、经营或者进口国家明令禁止使用的可能产生职业病危害的设备或者材料的，依照有关法律、行政法规的规定给予处罚。

第七十条 用人单位违反本法规定，已经对劳动者生命健康造成严重损害的，由卫生行政部门责令停止产生职业病危害的作业，或者提请有关人民政府按照国务院规定的权限责令关闭，并处十万元以上三十万元以下的罚款。

第七十一条 用人单位违反本法规定，造成重大职业病危害事故或者其它严重后果，构成犯罪的，对直接负责的主管人员和其它直接责任人员，依法追究刑事责任。

第七十二条 未取得职业卫生技术服务资质认证擅自从事职业卫生技术服务的，或者医疗卫生机构未经批准擅自从事职业健康检查、职业病诊断的，由卫生行政部门责令立即停止违法行为，没收违法所得；违法所得五千元以上的，并处违法所得二倍以上十倍以下的罚款；没有违法所得或者违法所得不足五千元的，并处五千元以上五万元以下的罚款；情节严重的，对直接负责的主管人员和其它直接责任人员，依法给予降级、撤职或者开除的处分。

第七十三条 从事职业卫生技术服务的机构和承担职业健康检查、职业病诊断的医疗卫生机构违反本法规定，有下列行为之一的，由卫生行政部门责令立即停止违法行为，给予警告，没收违法所得；违法所得五千元以上的，并处违法所得二倍以上五倍以下的罚款；没有违法所得或者违法所得不足五千元的，并处五千元以上二万元以下的罚款；情节严重的，由原认证或者批准机关取消其相应的资格；对直接负责的主管人员和其它直接责任人员，依法给予降级、撤职或者开除的处分；构成犯罪的，依法追究刑事责任：

（一）超出资质认证或者批准范围从事职业卫生技术服务或者职业健康检查、职业病诊断的；

（二）不按照本法规定履行法定职责的；

（三）出具虚假证明文件的。

第七十四条　职业病诊断鉴定委员会组成人员收受职业病诊断争议当事人的财物或者其它好处的，给予警告，没收收受的财物，可以并处三千元以上五万元以下的罚款，取消其担任职业病诊断鉴定委员会组成人员的资格，并从省、自治区、直辖市人民政府卫生行政部门设立的专家库中予以除名。

第七十五条　卫生行政部门不按照规定报告职业病和职业病危害事故的，由上一级卫生行政部门责令改正，通报批评，给予警告；虚报、瞒报的，对单位负责人、直接负责的主管人员和其它直接责任人员依法给予降级、撤职或者开除的行政处分。

第七十六条　卫生行政部门及其职业卫生监督执法人员有本法第六十条所列行为之一，导致职业病危害事故发生，构成犯罪的，依法追究刑事责任；尚不构成犯罪的，对单位负责人、直接负责的主管人员和其它直接责任人员依法给予降级、撤职或者开除的行政处分。

第七章　附　　则

第七十七条　本法下列用语的含义：

职业病危害，是指对从事职业活动的劳动者可能导致职业病的各种危害。职业病危害因素包括：职业活动中存在的各种有害的化学、物理、生物因素以及在作业过程中产生的其它职业有害因素。

职业禁忌，是指劳动者从事特定职业或者接触特定职业病危害因素时，比一般职业人群更易于遭受职业病危害和罹患职业病或者可能导致原有自身疾病病情加重，或者在从事作业过程中诱发可能导致对他人生命健康构成危险的疾病的个人特殊生理或者病理状态。

第七十八条　本法第二条规定的用人单位以外的单位，产生职业病危害的，其职业病防治活动可以参照本法执行。

中国人民解放军参照执行本法的办法，由国务院、中央军事委员会制定。

第七十九条　本法自2002年5月1日起施行。

3 生产安全事故报告和调查处理条例

第一章 总 则

第一条 为了规范生产安全事故的报告和调查处理，落实生产安全事故责任追究制度，防止和减少生产安全事故，根据《中华人民共和国安全生产法》和有关法律，制定本条例。

第二条 生产经营活动中发生的造成人身伤亡或者直接经济损失的生产安全事故的报告和调查处理，适用本条例；环境污染事故、核设施事故、国防科研生产事故的报告和调查处理不适用本条例。

第三条 根据生产安全事故（以下简称事故）造成的人员伤亡或者直接经济损失，事故一般分为以下等级：

（一）特别重大事故，是指造成30人以上死亡，或者100人以上重伤（包括急性工业中毒，下同），或者1亿元以上直接经济损失的事故；

（二）重大事故，是指造成10人以上30人以下死亡，或者50人以上100人以下重伤，或者5000万元以上1亿元以下直接经济损失的事故；

（三）较大事故，是指造成3人以上10人以下死亡，或者10人以上50人以下重伤，或者1000万元以上5000万元以下直接经济损失的事故；

（四）一般事故，是指造成3人以下死亡，或者10人以下重伤，或者1000万元以下直接经济损失的事故。

国务院安全生产监督管理部门可以会同国务院有关部门，制定事故等级划分的补充性规定。

本条第一款所称的“以上”包括本数，所称的“以下”不包括本数。

第四条 事故报告应当及时、准确、完整，任何单位和个人对事故不得迟报、漏报、谎报或者瞒报。

事故调查处理应当坚持实事求是、尊重科学的原则，及时、准确地查清事故经过、事故原因和事故损失，查明事故性质，认定事故责任，总结事故教训，提出整改措施，并对事故责任者依法追究责任。

第五条 县级以上人民政府应当依照本条例的规定，严格履行职责，及时、准确地完成事故调查处理工作。

事故发生地有关地方人民政府应当支持、配合上级人民政府或者有关部门的事故调查处理工作，并提供必要的便利条件。

参加事故调查处理的部门和单位应当互相配合，提高事故调查处理工作的效率。

第六条 工会依法参加事故调查处理，有权向有关部门提出处理意见。

第七条 任何单位和个人不得阻挠和干涉对事故的报告和依法调查处理。

第八条 对事故报告和调查处理中的违法行为，任何单位和个人有权向安全生产监督管理部门、监察机关或者其它有关部门举报，接到举报的部门应当依法及时处理。

第二章 事故报告

第九条 事故发生后，事故现场有关人员应当立即向本单位负责人报告；单位负责人接到报告后，应当于1小时内向事故发生地县级以上人民政府安全生产监督管理部门和负有安全生产监督管理职责的有关部门报告。

情况紧急时，事故现场有关人员可以直接向事故发生地县级以上人民政府安全生产监督管理部门和负有安全生产监督管理职责的有关部门报告。

第十条 安全生产监督管理部门和负有安全生产监督管理职责的有关部门接到事故报告后，应当依照下列规定上报事故情况，并通知公安机关、劳动保障行政部门、工会和人民检察院：

（一）特别重大事故、重大事故逐级上报至国务院安全生产监督管理部门和负有安全生产监督管理职责的有关部门；

（二）较大事故逐级上报至省、自治区、直辖市人民政府安全生产监督管理部门和负有安全生产监督管理职责的有关部门；

（三）一般事故上报至设区的市级人民政府安全生产监督管理部门和负有安全生产监督管理职责的有关部门。

安全生产监督管理部门和负有安全生产监督管理职责的有关部门依照前款规定上报事故情况，应当同时报告本级人民政府。国务院安全生产监督管理部门和负有安全生产监督管理职责的有关部门以及省级人民政府接到发生特别重大事故、重大事故的报告后，应当立即报告国务院。

必要时，安全生产监督管理部门和负有安全生产监督管理职责的有关部门可以越级上报事故情况。

第十一条 安全生产监督管理部门和负有安全生产监督管理职责的有关部门逐级上报事故情况，每级上报的时间不得超过2小时。

第十二条 报告事故应当包括下列内容：

（一）事故发生单位概况；

（二）事故发生的时间、地点以及事故现场情况；

（三）事故的简要经过；

（四）事故已经造成或者可能造成的伤亡人数（包括下落不明的人数）和初步估计的直接经济损失；

（五）已经采取的措施；

（六）其它应当报告的情况。

第十三条 事故报告后出现新情况的，应当及时补报。

自事故发生之日起30日内，事故造成的伤亡人数发生变化的，应当及时补报。道路交通事故、火灾事故自发生之日起7日内，事故造成的伤亡人数发生变化的，应当及时补报。

第十四条 事故发生单位负责人接到事故报告后，应当立即启动事故相应应急预案，或者采取有效措施，组织抢救，防止事故扩大，减少人员伤亡和财产损失。

第十五条 事故发生地有关地方人民政府、安全生产监督管理部门和负有安全生产监督管理职责的有关部门接到事故报告后，其负责人应当立即赶赴事故现场，组织事故救援。

第十六条 事故发生后，有关单位和人员应当妥善保护事故现场以及相关证据，任何单位和个人不得破坏事故现场、毁灭相关证据。

因抢救人员、防止事故扩大以及疏通交通等原因，需要移动事故现场物件的，应当做出标志，绘制现场简图并做出书面记录，妥善保存现场重要痕迹、物证。

第十七条 事故发生地公安机关根据事故的情况，对涉嫌犯罪的，应当依法立案侦查，采取强制措施和侦查措施。犯罪嫌疑人逃匿的，公安机关应当迅速追捕归案。

第十八条 安全生产监督管理部门和负有安全生产监督管理职责的有关部门应当建立值班制度，并向社会公布值班电话，受理事故报告和举报。

第三章 事故调查

第十九条 特别重大事故由国务院或者国务院授权有关部门组织事故调查组进行调查。

重大事故、较大事故、一般事故分别由事故发生地省级人民政府、设区的市级人民政府、县级人民政府负责调查。省级人民政府、设区的市级人民政府、县级人民政府可以直接组织事故调查组进行调查，也可以授权或者委托有关部门组织事故调查组进行调查。

未造成人员伤亡的一般事故，县级人民政府也可以委托事故发生单位组织事故调查组进行调查。

第二十条 上级人民政府认为必要时，可以调查由下级人民政府负责调查的事故。

自事故发生之日起30日内（道路交通事故、火灾事故自发生之日起7日内），因事故伤亡人数变化导致事故等级发生变化，依照本条例规定应当由上级人民政府负责调查的，上级人民政府可以另行组织事故调查组进行调查。

第二十一条 特别重大事故以下等级事故，事故发生地与事故发生单位不在同一个县级以上行政区域的，由事故发生地人民政府负责调查，事故发生单位所在地人民政府应当派人参加。

第二十二条 事故调查组的组成应当遵循精简、效能的原则。

根据事故的具体情况，事故调查组由有关人民政府、安全生产监督管理部门、负有安全生产监督管理职责的有关部门、监察机关、公安机关以及工会派人组成，并应当邀请人民检察院派人参加。

事故调查组可以聘请有关专家参与调查。

第二十三条 事故调查组成员应当具有事故调查所需要的知识和专长，并与所调查的事故没有直接利害关系。

第二十四条 事故调查组组长由负责事故调查的人民政府指定。事故调查组组长主持事故调查组的工作。

第二十五条 事故调查组履行下列职责：

（一）查明事故发生的经过、原因、人员伤亡情况及直接经济损失；

（二）认定事故的性质和事故责任；

（三）提出对事故责任者的处理建议；

（四）总结事故教训，提出防范和整改措施；

（五）提交事故调查报告。

第二十六条 事故调查组有权向有关单位和个人了解与事故有关的情况，并要求其提供相关文件、资料，有关单位和个人不得拒绝。

事故发生单位的负责人和有关人员在事故调查期间不得擅离职守，并应当随时接受事故调查组的询问，如实提供有关情况。

事故调查中发现涉嫌犯罪的，事故调查组应当及时将有关材料或者其复印件移交司法机关处理。

第二十七条 事故调查中需要进行技术鉴定的，事故调查组应当委托具有国家规定资质的单位进行技术鉴定。必要时，事故调查组可以直接组织专家进行技术鉴定。技术鉴定所需时间不计入事故调查期限。

第二十八条 事故调查组成员在事故调查工作中应当诚信公正、恪尽职守，遵守事故调查组的纪律，保守事故调查的秘密。

未经事故调查组组长允许，事故调查组成员不得擅自发布有关事故的信息。

第二十九条 事故调查组应当自事故发生之日起60日内提交

事故调查报告；特殊情况下，经负责事故调查的人民政府批准，提交事故调查报告的期限可以适当延长，但延长的期限最长不超过60日。

第三十条 事故调查报告应当包括下列内容：

（一）事故发生单位概况；

（二）事故发生经过和事故救援情况；

（三）事故造成的人员伤亡和直接经济损失；

（四）事故发生的原因和事故性质；

（五）事故责任的认定以及对事故责任者的处理建议；

（六）事故防范和整改措施。

事故调查报告应当附具有关证据材料。事故调查组成员应当在事故调查报告上签名。

第三十一条 事故调查报告报送负责事故调查的人民政府后，事故调查工作即告结束。事故调查的有关资料应当归档保存。

第四章 事故处理

第三十二条 重大事故、较大事故、一般事故，负责事故调查的人民政府应当自收到事故调查报告之日起15日内做出批复；特别重大事故，30日内做出批复，特殊情况下，批复时间可以适当延长，但延长的时间最长不超过30日。

有关机关应当按照人民政府的批复，依照法律、行政法规规定的权限和程序，对事故发生单位和有关人员进行行政处罚，对负有事故责任的国家工作人员进行处分。

事故发生单位应当按照负责事故调查的人民政府的批复，对本单位负有事故责任的人员进行处理。

负有事故责任的人员涉嫌犯罪的，依法追究刑事责任。

第三十三条 事故发生单位应当认真吸取事故教训，落实防范和整改措施，防止事故再次发生。防范和整改措施的落实情况应当接受工会和职工的监督。

安全生产监督管理部门和负有安全生产监督管理职责的有关

部门应当对事故发生单位落实防范和整改措施的情况进行监督检查。

第三十四条 事故处理的情况由负责事故调查的人民政府或者其授权的有关部门、机构向社会公布，依法应当保密的除外。

第五章 法律责任

第三十五条 事故发生单位主要负责人有下列行为之一的，处上一年年收入40%至80%的罚款；属于国家工作人员的，并依法给予处分；构成犯罪的，依法追究刑事责任：

（一）不立即组织事故抢救的；

（二）迟报或者漏报事故的；

（三）在事故调查处理期间擅离职守的。

第三十六条 事故发生单位及其有关人员有下列行为之一的，对事故发生单位处100万元以上500万元以下的罚款；对主要负责人、直接负责的主管人员和其它直接责任人员处上一年年收入60%至100%的罚款；属于国家工作人员的，并依法给予处分；构成违反治安管理行为的，由公安机关依法给予治安管理处罚；构成犯罪的，依法追究刑事责任：

（一）谎报或者瞒报事故的；

（二）伪造或者故意破坏事故现场的；

（三）转移、隐匿资金、财产，或者销毁有关证据、资料的；

（四）拒绝接受调查或者拒绝提供有关情况和资料的；

（五）在事故调查中作伪证或者指使他人作伪证的；

（六）事故发生后逃匿的。

第三十七条 事故发生单位对事故发生负有责任的，依照下列规定处以罚款：

（一）发生一般事故的，处10万元以上20万元以下的罚款；

（二）发生较大事故的，处20万元以上50万元以下的罚款；

（三）发生重大事故的，处50万元以上200万元以下的罚款；

（四）发生特别重大事故的，处200万元以上500万元以下的罚款。

第三十八条 事故发生单位主要负责人未依法履行安全生产管理职责，导致事故发生的，依照下列规定处以罚款；属于国家工作人员的，并依法给予处分；构成犯罪的，依法追究刑事责任：

（一）发生一般事故的，处上一年年收入30%的罚款；

（二）发生较大事故的，处上一年年收入40%的罚款；

（三）发生重大事故的，处上一年年收入60%的罚款；

（四）发生特别重大事故的，处上一年年收入80%的罚款。

第三十九条 有关地方人民政府、安全生产监督管理部门和负有安全生产监督管理职责的有关部门有下列行为之一的，对直接负责的主管人员和其它直接责任人员依法给予处分；构成犯罪的，依法追究刑事责任：

（一）不立即组织事故抢救的；

（二）迟报、漏报、谎报或者瞒报事故的；

（三）阻碍、干涉事故调查工作的；

（四）在事故调查中作伪证或者指使他人作伪证的。

第四十条 事故发生单位对事故发生负有责任的，由有关部门依法暂扣或者吊销其有关证照；对事故发生单位负有事故责任的有关人员，依法暂停或者撤销其与安全生产有关的执业资格、岗位证书；事故发生单位主要负责人受到刑事处罚或者撤职处分的，自刑罚执行完毕或者受处分之日起，5年内不得担任任何生产经营单位的主要负责人。

为发生事故的单位提供虚假证明的中介机构，由有关部门依法暂扣或者吊销其有关证照及其相关人员的执业资格；构成犯罪的，依法追究刑事责任。

第四十一条 参与事故调查的人员在事故调查中有下列行为之一的，依法给予处分；构成犯罪的，依法追究刑事责任：

（一）对事故调查工作不负责任，致使事故调查工作有重大疏漏的；

（二）包庇、袒护负有事故责任的人员或者借机打击报复的。

第四十二条 违反本条例规定，有关地方人民政府或者有关部门故意拖延或者拒绝落实经批复的对事故责任人的处理意见的，由监察机关对有关责任人员依法给予处分。

第四十三条 本条例规定的罚款的行政处罚，由安全生产监督管理部门决定。

法律、行政法规对行政处罚的种类、幅度和决定机关另有规定的，依照其规定。

第六章 附 则

第四十四条 没有造成人员伤亡，但是社会影响恶劣的事故，国务院或者有关地方人民政府认为需要调查处理的，依照本条例的有关规定执行。

国家机关、事业单位、人民团体发生的事故的报告和调查处理，参照本条例的规定执行。

第四十五条 特别重大事故以下等级事故的报告和调查处理，有关法律、行政法规或者国务院另有规定的，依照其规定。

第四十六条 本条例自2007年6月1日起施行。国务院1989年3月29日公布的《特别重大事故调查程序暂行规定》和1991年2月22日公布的《企业职工伤亡事故报告和处理规定》同时废止。

4　安全生产违法行为行政处罚办法

第一章　总　　则

第一条　为了制裁安全生产违法行为，规范安全生产行政处罚工作，依照行政处罚法、安全生产法及其它有关法律、行政法规的规定，制定本办法。

第二条　县级以上人民政府安全生产监督管理部门对生产经营单位及其有关人员在生产经营活动中违反有关安全生产的法律、行政法规、部门规章、国家标准、行业标准和规程的违法行为（以下统称安全生产违法行为）实施行政处罚，适用本办法。

煤矿安全监察机构依照本办法和煤矿安全监察行政处罚办法，对煤矿、煤矿安全生产中介机构等生产经营单位及其有关人员的安全生产违法行为实施行政处罚。

有关法律、行政法规对安全生产违法行为行政处罚的种类、幅度或者决定机关另有规定的，依照其规定。

第三条　对安全生产违法行为实施行政处罚，应当遵循公平、公正、公开的原则。

安全生产监督管理部门或者煤矿安全监察机构（以下统称安全监管监察部门）及其行政执法人员实施行政处罚，必须以事实为依据。行政处罚应当与安全生产违法行为的事实、性质、情节以及社会危害程度相当。

第四条　生产经营单位及其有关人员对安全监管监察部门给予的行政处罚，依法享有陈述权、申辩权和听证权；对行政处罚不服的，有权依法申请行政复议或者提起行政诉讼；因违法给予行政处罚受到损害的，有权依法申请国家赔偿。

第二章　行政处罚的种类、管辖

第五条　安全生产违法行为行政处罚的种类：

（一）警告；

（二）罚款；

（三）责令改正、责令限期改正、责令停止违法行为；

（四）没收违法所得、没收非法开采的煤炭产品、采掘设备；

（五）责令停产停业整顿、责令停产停业、责令停止建设、责令停止施工；

（六）暂扣或者吊销有关许可证，暂停或者撤销有关执业资格、岗位证书；

（七）关闭；

（八）拘留；

（九）安全生产法律、行政法规规定的其它行政处罚。

法律、行政法规将前款的责令改正、责令限期改正、责令停止违法行为规定为现场处理措施的除外。

第六条 县级以上安全监管监察部门应当按照本章的规定，在各自的职责范围内对安全生产违法行为行政处罚行使管辖权。

安全生产违法行为的行政处罚，由安全生产违法行为发生地的县级以上安全监管监察部门管辖。中央企业及其所属企业、有关人员的安全生产违法行为的行政处罚，由安全生产违法行为发生地的设区的市级以上安全监管监察部门管辖。

暂扣、吊销有关许可证和暂停、撤销有关执业资格、岗位证书的行政处罚，由发证机关决定。其中，暂扣有关许可证和暂停有关执业资格、岗位证书的期限一般不得超过6个月；法律、行政法规另有规定的，依照其规定。

给予关闭的行政处罚，由县级以上安全监管监察部门报请县级以上人民政府按照国务院规定的权限决定。

给予拘留的行政处罚，由县级以上安全监管监察部门建议公安机关依照治安管理处罚法的规定决定。

第七条 两个以上安全监管监察部门因行政处罚管辖权发生争议的，由其共同的上一级安全监管监察部门指定管辖。

第八条 对报告或者举报的安全生产违法行为，安全监管监察部门应当受理；发现不属于自己管辖的，应当及时移送有管辖权的部门。

受移送的安全监管监察部门对管辖权有异议的，应当报请共同的上一级安全监管监察部门指定管辖。

第九条 安全生产违法行为构成犯罪的，安全监管监察部门应当将案件移送司法机关，依法追究刑事责任；尚不够刑事处罚但依法应当给予行政处罚的，由安全监管监察部门管辖。

第十条 上级安全监管监察部门可以直接查处下级安全监管监察部门管辖的案件，也可以将自己管辖的案件交由下级安全监管监察部门管辖。

下级安全监管监察部门可以将重大、疑难案件报请上级安全监管监察部门管辖。

第十一条 上级安全监管监察部门有权对下级安全监管监察部门违法或者不适当的行政处罚予以纠正或者撤销。

第十二条 安全监管监察部门根据需要，可以在其法定职权范围内委托符合行政处罚法第十九条规定条件的组织或者乡镇人民政府、城市街道办事处设立的安全生产监督管理机构实施行政处罚。受委托的单位在委托范围内，以委托的安全监管监察部门名义实施行政处罚。

委托的安全监管监察部门应当监督检查受委托的单位实施行政处罚，并对其实施行政处罚的后果承担法律责任。

第三章 行政处罚的程序

第十三条 安全生产行政执法人员在执行公务时，必须出示省级以上安全生产监督管理部门或者县级以上地方人民政府统一制作的有效行政执法证件。其中对煤矿进行安全监察，必须出示国家安全生产监督管理总局统一制作的煤矿安全监察员证。

第十四条 安全监管监察部门及其行政执法人员在监督检查时发现生产经营单位存在事故隐患的，应当按照下列规定采取现场处理措施：

（一）能够立即排除的，应当责令立即排除；

（二）重大事故隐患排除前或者排除过程中无法保证安全的，应当责令从危险区域撤出作业人员，并责令暂时停产停业、停止建设、停止施工或者停止使用，限期排除隐患。

隐患排除后，经安全监管监察部门审查同意，方可恢复生产经营和使用。

本条第一款第（二）项规定的责令暂时停产停业、停止建设、停止施工或者停止使用的期限一般不超过6个月；法律、行政法规另有规定的，依照其规定。

第十五条 对有根据认为不符合安全生产的国家标准或者行业标准的在用设施、设备、器材，安全监管监察部门应当依法予以查封或者扣押，并在15日内按照下列规定作出处理决定：

（一）能够修理、更换的，责令予以修理、更换；不能修理、更换的，不准使用；

（二）依法采取其它行政强制措施或者现场处理措施；

（三）依法给予行政处罚；

（四）经核查予以查封或者扣押的设备、设施、器材符合国家标准或者行业标准的，解除查封或者扣押。

实施查封、扣押，应当当场下达查封、扣押决定书和被查封、扣押的财物清单。在交通不便地区，或者不及时查封、扣押可能影响案件查处，或者存在事故隐患可能导致生产安全事故的，可以先行实施查封、扣押，并在48小时内补办查封、扣押决定书，送达当事人。

第十六条 生产经营单位被责令限期改正或者限期进行隐患排除治理的，应当在规定限期内完成。因不可抗力无法在规定限期内完成的，应当在进行整改或者治理的同时，于限期届满前10日内提出书面延期申请，安全监管监察部门应当在收到申请之日起5日内书面答复是否准予延期。

生产经营单位提出复查申请或者整改、治理限期届满的，安全监管监察部门应当自申请或者限期届满之日起10日内进行复查，填写复查意见书，由被复查单位和安全监管监察部门复查人员签名后存档。逾期未整改、未治理或者整改、治理不合格的，安全监管监察部门应当依法给予行政处罚。

第十七条 安全监管监察部门在作出行政处罚决定前，应当填写行政处罚告知书，告知当事人作出行政处罚决定的事实、理由、依据，以及当事人依法享有的权利，并送达当事人。当事人应当在收到行政处罚告知书之日起3日内进行陈述、申辩，或者依法提出听证要求，逾期视为放弃上述权利。

第十八条 安全监管监察部门应当充分听取当事人的陈述和申辩，对当事人提出的事实、理由和证据，应当进行复核；当事人提出的事实、理由和证据成立的，安全监管监察部门应当采纳。

安全监管监察部门不得因当事人陈述或者申辩而加重处罚。

第十九条 安全监管监察部门对安全生产违法行为实施行政处罚，应当符合法定程序，制作行政执法文书。

第一节 简易程序

第二十条 违法事实确凿并有法定依据，对个人处以50元以下罚款、对生产经营单位处以1千元以下罚款或者警告的行政处罚的，安全生产行政执法人员可以当场作出行政处罚决定。

第二十一条 安全生产行政执法人员当场作出行政处罚决定，应当填写预定格式、编有号码的行政处罚决定书并当场交付当事人。

安全生产行政执法人员当场作出行政处罚决定后应当及时报告，并在5日内报所属安全监管监察部门备案。

第二节 一般程序

第二十二条 除依照简易程序当场作出的行政处罚外，安全监管监察部门发现生产经营单位及其有关人员有应当给予行政处罚的行为的，应当予以立案，填写立案审批表，并全面、客观、公正地进行调查，收集有关证据。对确需立即查处的安全生产违法行为，可以先行调查取证，并在5日内补办立案手续。

第二十三条 对已经立案的案件，由立案审批人指定两名或者两名以上安全生产行政执法人员进行调查。

有下列情形之一的，承办案件的安全生产行政执法人员应当回避：

（一）本人是本案的当事人或者当事人的近亲属的；

（二）本人或者其近亲属与本案有利害关系的；

（三）与本人有其它利害关系，可能影响案件的公正处理的。

安全生产行政执法人员的回避，由派出其进行调查的安全监管监察部门的负责人决定。进行调查的安全监管监察部门负责人的回避，由该部门负责人集体讨论决定。回避决定作出之前，承办案件的安全生产行政执法人员不得擅自停止对案件的调查。

第二十四条 进行案件调查时，安全生产行政执法人员不得少于两名。当事人或者有关人员应当如实回答安全生产行政执法人员的询问，并协助调查或者检查，不得拒绝、阻挠或者提供虚假情况。

询问或者检查应当制作笔录。笔录应当记载时间、地点、询问和检查情况，并由被询问人、被检查单位和安全生产行政执法人员签名或者盖章；被询问人、被检查单位要求补正的，应当允许。被询问人或者被检查单位拒绝签名或者盖章的，安全生产行政执法人员应当在笔录上注明原因并签名。

第二十五条 安全生产行政执法人员应当收集、调取与案件有关的原始凭证作为证据。调取原始凭证确有困难的，可以复制，复制件应当注明“经核对与原件无异”的字样和原始凭证存放的单位及其处所，并由出具证据的人员签名或者单位盖章。

第二十六条 安全生产行政执法人员在收集证据时，可以采取抽样取证的方法；在证据可能灭失或者以后难以取得的情况下，经本单位负责人批准，可以先行登记保存，并应当在7日内作出处理决定：

（一）违法事实成立依法应当没收的，作出行政处罚决定，予以没收；依法应当扣留或者封存的，予以扣留或者封存；

（二）违法事实不成立，或者依法不应当予以没收、扣留、封存的，解除登记保存。

第二十七条 安全生产行政执法人员对与案件有关的物品、场所进行勘验检查时，应当通知当事人到场，制作勘验笔录，并由当事人核对无误后签名或者盖章。当事人拒绝到场的，可以邀请在场的其它人员作证，并在勘验笔录中注明；也可以采用录音、录像等方式记录有关物品、场所的情况后，再进行勘验检查。

第二十八条 案件调查终结后，负责承办案件的安全生产行政执法人员应当填写案件处理呈批表，连同有关证据材料一并报本部门负责人审批。

安全监管监察部门负责人应当及时对案件调查结果进行审查，根据不同情况，分别作出以下决定：

（一）确有应受行政处罚的违法行为的，根据情节轻重及具体情况，作出行政处罚决定；

（二）违法行为轻微，依法可以不予行政处罚的，不予行政处罚；

（三）违法事实不能成立，不得给予行政处罚；

（四）违法行为涉嫌犯罪的，移送司法机关处理。

对严重安全生产违法行为给予责令停产停业整顿、责令停产停业、责令停止建设、责令停止施工、吊销有关许可证、撤销有关执业资格或者岗位证书、3 万元以上罚款、没收违法所得、没收非法开采的煤炭产品或者采掘设备价值 3 万元以上的行政处罚的，应当由安全监管监察部门的负责人集体讨论决定。

第二十九条 安全监管监察部门依照本办法第二十八条的规定给予行政处罚，应当制作行政处罚决定书。行政处罚决定书应当载明下列事项：

（一）当事人的姓名或者名称、地址或者住址；

（二）违法事实和证据；

（三）行政处罚的种类和依据；

（四）行政处罚的履行方式和期限；

（五）不服行政处罚决定，申请行政复议或者提起行政诉讼的途径和期限；

（六）作出行政处罚决定的安全监管监察部门的名称和作出决定的日期。

行政处罚决定书必须盖有作出行政处罚决定的安全监管监察部门的印章。

第三十条 行政处罚决定书应当在宣告后当场交付当事人；当事人不在场的，安全监管监察部门应当在 7 日内依照民事诉讼法的有关规定，将行政处罚决定书送达当事人或者其它的法定受送达人：

（一）送达必须有送达回执，由受送达人在送达回执上注明收到日期，签名或者盖章；

（二）送达应当直接送交受送达人。受送达人是个人的，本人不在交他的同住成年家属签收，并在行政处罚决定书送达回执的备注栏内注明与受送达人的关系；

（三）受送达人是法人或者其它组织的，应当由法人的法定代表人、其它组织的主要负责人或者该法人、组织负责收件的人签收；

（四）受送达人指定代收人的，交代收人签收并注明受当事人委托的情况；

（五）直接送达确有困难的，可以挂号邮寄送达，也可以委托当地安全监管监察部门代为送达，代为送达的安全监管监察部门收到文书后，必须立即交受送达人签收；

（六）当事人或者他的同住成年家属拒绝接收的，送达人应当邀请有关基层组织的代表或者有关人员到场，注明情况，在行政处罚决定书送达回执上注明拒收的事由和日期，由送达人、见证人签名或者盖章，将文书留在当事人的收发部门或者住所，即视为送达；

（七）受送达人下落不明，或者用以上方式无法送达的，可以公告送达，自公告发布之日起经过60日，即视为送达。公告送达，应当在案卷中注明原因和经过。

安全监管监察部门送达其它行政处罚执法文书，按照前款规定办理。

第三十一条 行政处罚案件应当自立案之日起30日内办理完毕；由于客观原因不能完成的，经安全监管监察部门负责人同意，可以延长，但不得超过90日；特殊情况需进一步延长的，应当经上一级安全监管监察部门批准，可延长至180日。

第三节 听证程序

第三十二条 安全监管监察部门作出责令停产停业整顿、责令停产停业、吊销有关许可证、撤销有关执业资格、岗位证书或者较大数额罚款的行政处罚决定之前，应当告知当事人有要求举行听证的权利；当事人要求听证的，安全监管监察部门应当组织听证，不得向当事人收取听证费用。

前款所称较大数额罚款，为省、自治区、直辖市人大常委会或者人民政府规定的数额；没有规定数额的，其数额对个人罚款为1万元以上，对生产经营单位罚款为3万元以上。

第三十三条　当事人要求听证的，应当在安全监管监察部门依照本办法第十七条规定告知后3日内以书面方式提出。

第三十四条　当事人提出听证要求后，安全监管监察部门应当在举行听证会的7日前，通知当事人举行听证的时间、地点。

当事人应当按期参加听证。当事人有正当理由要求延期的，经组织听证的安全监管监察部门负责人批准可以延期1次；当事人未按期参加听证，并且未事先说明理由的，视为放弃听证权利。

第三十五条　听证参加人由听证主持人、听证员、案件调查人员、当事人及其委托代理人、书记员组成。

听证主持人、听证员、书记员应当由组织听证的安全监管监察部门负责人指定的非本案调查人员担任。

当事人可以委托1至2名代理人参加听证，并提交委托书。

第三十六条　除涉及国家秘密、商业秘密或者个人隐私外，听证应当公开举行。

第三十七条　当事人在听证中的权利和义务：

（一）有权对案件涉及的事实、适用法律及有关情况进行陈述和申辩；

（二）有权对案件调查人员提出的证据质证并提出新的证据；

（三）如实回答主持人的提问；

（四）遵守听证会场纪律，服从听证主持人指挥。

第三十八条　听证按照下列程序进行：

（一）书记员宣布听证会场纪律、当事人的权利和义务。听证主持人宣布案由，核实听证参加人名单，宣布听证开始；

（二）案件调查人员提出当事人的违法事实、出示证据，说明拟作出的行政处罚的内容及法律依据；

（三）当事人或者其委托代理人对案件的事实、证据、适用的法律等进行陈述和申辩，提交新的证据材料；

（四）听证主持人就案件的有关问题向当事人、案件调查人员、证人询问；

（五）案件调查人员、当事人或者其委托代理人相互辩论；

（六）当事人或者其委托代理人作最后陈述；

（七）听证主持人宣布听证结束。

听证笔录应当当场交当事人核对无误后签名或者盖章。

第三十九条 有下列情形之一的，应当中止听证：

（一）需要重新调查取证的；

（二）需要通知新证人到场作证的；

（三）因不可抗力无法继续进行听证的。

第四十条 有下列情形之一的，应当终止听证：

（一）当事人撤回听证要求的；

（二）当事人无正当理由不按时参加听证的；

（三）拟作出的行政处罚决定已经变更，不适用听证程序的。

第四十一条 听证结束后，听证主持人应当依据听证情况，填写听证会报告书，提出处理意见并附听证笔录报安全监管监察部门负责人审查。安全监管监察部门依照本办法第二十八条的规定作出决定。

第四章 行政处罚的适用

第四十二条 生产经营单位的决策机构、主要负责人、个人经营的投资人（包括实际控制人，下同）未依法保证下列安全生产所必需的资金投入，致使生产经营单位不具备安全生产条件的，责令限期改正，提供必需的资金，并可以对生产经营单位处1万元以上3万元以下罚款，对生产经营单位的主要负责人、个人经营的投资人处5千元以上1万元以下罚款；逾期未改正的，责令生产经营单位停产停业整顿：

（一）未按规定缴存和使用安全生产风险抵押金的；

（二）未按规定足额提取和使用安全生产费用的；

（三）国家规定的其它安全生产所必须的资金投入。

生产经营单位主要负责人、个人经营的投资人有前款违法行为，导致发生生产安全事故的，依照《生产安全事故报告和调查处理条例》的规定给予处罚。

第四十三条 生产经营单位的主要负责人未依法履行安全生产管理职责，导致生产安全事故发生的，依照《生产安全事故报告和调查处理条例》的规定给予处罚。

第四十四条 生产经营单位及其主要负责人或者其它人员有下列行为之一的，给予警告，并可以对生产经营单位处1万元以上3万元以下罚款，对其主要负责人、其它有关人员处1千元以上1万元以下的罚款：

（一）违反操作规程或者安全管理规定作业的；

（二）违章指挥从业人员或者强令从业人员违章、冒险作业的；

（三）发现从业人员违章作业不加制止的；

（四）超过核定的生产能力、强度或者定员进行生产的；

（五）对被查封或者扣押的设施、设备、器材，擅自启封或者使用的；

（六）故意提供虚假情况或者隐瞒存在的事故隐患以及其它安全问题的；

（七）对事故预兆或者已发现的事故隐患不及时采取措施的；

（八）拒绝、阻碍安全生产行政执法人员监督检查的；

（九）拒绝、阻碍安全监管监察部门聘请的专家进行现场检查的；

（十）拒不执行安全监管监察部门及其行政执法人员的安全监管监察指令的。

第四十五条 危险物品的生产、经营、储存单位以及矿山企业、建筑施工单位有下列行为之一的，责令改正，并可以处1万元以上3万元以下的罚款：

（一）未建立应急救援组织或者未按规定签订救护协议的；

（二）未配备必要的应急救援器材、设备，并进行经常性维护、保养，保证正常运转的。

第四十六条 生产经营单位与从业人员订立协议，免除或者减轻其对从业人员因生产安全事故伤亡依法应承担的责任的，该协议无效；对生产经营单位的主要负责人、个人经营的投资人按照下列规定处以罚款：

（一）在协议中减轻因生产安全事故伤亡对从业人员依法应承担的责任的，处2万元以上5万元以下的罚款；

（二）在协议中免除因生产安全事故伤亡对从业人员依法应承担的责任的，处5万元以上10万元以下的罚款。

第四十七条 生产经营单位不具备法律、行政法规和国家标准、行业标准规定的安全生产条件，经责令停产停业整顿仍不具备安全生产条件的，安全监管监察部门应当提请有管辖权的人民政府予以关闭；人民政府决定关闭的，安全监管监察部门应当依法吊销其有关许可证。

第四十八条 生产经营单位转让安全生产许可证的，没收违法所得，吊销安全生产许可证，并按照下列规定处以罚款：

（一）接受转让的单位和个人未发生生产安全事故的，处10万元以上30万元以下的罚款；

（二）接受转让的单位和个人发生生产安全事故但没有造成人员死亡的，处30万元以上40万元以下的罚款；

（三）接受转让的单位和个人发生人员死亡生产安全事故的，处40万元以上50万元以下的罚款。

第四十九条 知道或者应当知道生产经营单位未取得安全生产许可证或者其它批准文件擅自从事生产经营活动，仍为其提供生产经营场所、运输、保管、仓储等条件的，责令立即停止违法行为，有违法所得的，没收违法所得，并处违法所得1倍以上3倍以下的罚款，但是最高不得超过3万元；没有违法所得的，并处5千元以上1万元以下的罚款。

第五十条 生产经营单位及其有关人员弄虚作假，骗取或者勾结、串通行政审批工作人员取得安全生产许可证书及其它批准文件的，撤销许可及批准文件，并按照下列规定处以罚款：

（一）生产经营单位有违法所得的，没收违法所得，并处违法所得1倍以上3倍以下的罚款，但是最高不得超过3万元；没有违法所得的，并处5千元以上1万元以下的罚款；

（二）对有关人员处1千元以上1万元以下的罚款。

有前款规定违法行为的生产经营单位及其有关人员在3年内不得再次申请该行政许可。

生产经营单位及其有关人员未依法办理安全生产许可证书变更手续的，责令限期改正，并对生产经营单位处1万元以上3万元以下的罚款，对有关人员处1千元以上5千元以下的罚款。

第五十一条 未取得相应资格、资质证书的机构及其有关人员从事安全评价、认证、检测、检验工作，责令停止违法行为，并按照下列规定处以罚款：

（一）机构有违法所得的，没收违法所得，并处违法所得1倍以上3倍以下的罚款，但是最高不得超过3万元；没有违法所得的，并处5千元以上1万元以下的罚款；

（二）有关人员处5千元以上1万元以下的罚款。

第五十二条 生产经营单位及其有关人员触犯不同的法律规定，有两个以上应当给予行政处罚的安全生产违法行为的，安全监管监察部门应当适用不同的法律规定，分别裁量，合并处罚。

第五十三条 对同一生产经营单位及其有关人员的同一安全生产违法行为，不得给予两次以上罚款的行政处罚。

第五十四条 生产经营单位及其有关人员有下列情形之一的，应当从重处罚：

（一）危及公共安全或者其它生产经营单位安全的，经责令限期改正，逾期未改正的；

（二）一年内因同一违法行为受到两次以上行政处罚的；

（三）拒不整改或者整改不力，其违法行为呈持续状态的；

（四）拒绝、阻碍或者以暴力威胁行政执法人员的。

第五十五条 生产经营单位及其有关人员有下列情形之一的，应当从轻或者减轻行政处罚：

（一）主动消除或者减轻安全生产违法行为危害后果的；

（二）受他人胁迫实施安全生产违法行为的；

（三）配合安全监管监察部门查处安全生产违法行为有立功表现的；

（四）其它依法应予从轻或者减轻行政处罚的。

安全生产违法行为轻微并及时纠正，没有造成危害后果的，不予行政处罚。

第五章 行政处罚的执行和备案

第五十六条 安全监管监察部门实施行政处罚时，应当同时责令生产经营单位及其有关人员停止、改正或者限期改正违法行为。

第五十七条 本办法所称的违法所得，按照下列规定计算：

（一）生产、加工产品的，以生产、加工产品的销售收入作为违法所得；

（二）销售商品的，以销售收入作为违法所得；

（三）提供安全生产中介、租赁等服务的，以服务收入或者报酬作为违法所得；

（四）销售收入无法计算的，按当地同类同等规模的生产经营单位的平均销售收入计算；

（五）服务收入、报酬无法计算的，按照当地同行业同种服务的平均收入或者报酬计算。

第五十八条 行政处罚决定依法作出后，当事人应当在行政处罚决定的期限内，予以履行；当事人逾期不履行的，作出行政处罚决定的安全监管监察部门可以采取下列措施：

（一）到期不缴纳罚款的，每日按罚款数额的3%加处罚款；

（二）根据法律规定，将查封、扣押的设施、设备、器材拍卖所得价款抵缴罚款；

（三）申请人民法院强制执行。

当事人对行政处罚决定不服申请行政复议或者提起行政诉讼的，行政处罚不停止执行，法律另有规定的除外。

第五十九条 安全生产行政执法人员当场收缴罚款的，应当出具省、自治区、直辖市财政部门统一制发的罚款收据；当场收缴的罚款，应当自收缴罚款之日起2日内，交至所属安全监管监察部门；安全监管监察部门应当在2日内将罚款缴付指定的银行。

第六十条 除依法应当予以销毁的物品外，需要将查封、扣押的设施、设备、器材拍卖抵缴罚款的，依照法律或者国家有关规定处理。销毁物品，依照国家有关规定处理；没有规定的，经县级以上安全监管监察部门负责人批准，由两名以上安全生产行政执法人员监督销毁，并制作销毁记录。处理物品，应当制作清单。

第六十一条 罚款、没收违法所得的款项和没收非法开采的煤炭产品、采掘设备，必须按照有关规定上缴，任何单位和个人不得截留、私分或者变相私分。

第六十二条 县级安全生产监督管理部门处以2万元以上罚款、没收违法所得、没收非法生产的煤炭产品或者采掘设备价值2万元以上、责令停产停业、停止建设、停止施工、停产停业整顿、撤销有关资格、岗位证书或者吊销有关许可证的行政处罚的，应当自作出行政处罚决定之日起10日内报设区的市级安全生产监督管理部门备案。

第六十三条 设区的市级安全生产监督管理部门、煤矿安全监察分局处以5万元以上罚款、没收违法所得、没收非法生产的煤炭产品或者采掘设备价值5万元以上、责令停产停业、停止建设、停止施工、停产停业整顿、撤销有关资格、岗位证书或者吊销有关许可证的行政处罚的，应当自作出行政处罚决定之日起10日内报省级安全监管监察部门备案。

第六十四条 省级安全监管监察部门处以10万元以上罚款、没收违法所得、没收非法生产的煤炭产品或者采掘设备价值10万元以上、责令停产停业、停止建设、停止施工、停产停业整顿、撤销有关资格、岗位证书或者吊销有关许可证的行政处罚的，应当自作出行政处罚决定之日起10日内报国家安全生产监督管理总局或者国家煤矿安全监察局备案。

对上级安全监管监察部门交办案件给予行政处罚的，由决定行政处罚的安全监管监察部门自作出行政处罚决定之日起10日内报上级安全监管监察部门备案。

第六十五条 行政处罚执行完毕后，案件材料应当按照有关规定立卷归档。

案卷立案归档后，任何单位和个人不得擅自增加、抽取、涂改和销毁案卷材料。未经安全监管监察部门负责人批准，任何单位和个人不得借阅案卷。

第六章 附 则

第六十六条 安全生产监督管理部门所用的行政处罚文书式样，由国家安全生产监督管理总局统一制定。

煤矿安全监察机构所用的行政处罚文书式样，由国家煤矿安全监察局统一制定。

第六十七条 本办法所称的生产经营单位，是指合法和非法从事生产或者经营活动的基本单元，包括企业法人、不具备企业法人资格的合伙组织、个体工商户和自然人等生产经营主体。

本办法所称的“以上”包括本数，所称的“以下”不包括本数。

第六十八条 本办法自2008年1月1日起施行。原国家安全生产监督管理局（国家煤矿安全监察局）2003年5月19日公布的《安全生产违法行为行政处罚办法》、2001年4月27日公布的《煤矿安全监察程序暂行规定》同时废止。

5　中华人民共和国环境保护法

（1989年12月26日中华人民共和国主席令第22号发布）

第一章　总　　则

第一条　为保护和改善生活环境与生态环境，防治污染和其它公害，保障人体健康，促进社会主义现代化建设的发展，制定本法。

第二条　本法所称环境，是指影响人类社会生存和发展的各种天然的和经过人工改造的自然因素总体，包括大气、水、海洋、土地、矿藏、森林、草原、野生动物、自然古迹、人文遗迹、自然保护区、风景名胜区、城市和乡村等。

第三条　本法适用于中华人民共和国领域和中华人民共和国管辖的其它海域。

第四条　国家制定的环境保护规划必须纳入国民经济和社会发展计划，国家采取有利于环境保护的经济、技术政策和措施，使环境保护工作同经济建设和社会发展相协调。

第五条　国家鼓励环境保护科学教育事业的发展，加强环境保护科学技术的研究和开发，提高保护科学技术水平，普及环境保护的科学知识。

第六条　一切单位和个人都有保护环境的义务，并有权对污染和破坏环境的单位和个人进行检举和控告。

县级以上地方人民政府环境保护行政主管部门，对本辖区的环境保护工作实施统一管理。

国家海洋行政主管部门港务监督、渔政渔港监督、军队环境保护部门和各级公安、交通、铁道、民航管理部门，依照有关法律的规定对环境污染防治实施监督管理。

县级以上人民政府的土地、矿产、林业、水利行政主管部门，依照有关法律的规定对资源的保护实施监督管理。

第七条　国务院环境保护行政主管部门，对全国环境保护工作实施统一监督管理。

县级以上地方人民政府环境保护行政主管部门，对本辖区的环境保护工作实施统一监督管理。

国家海洋行政主管部门、港务监督、渔政、渔港监督、军队环境保护部门和各级公安、交通、铁道、民航管理部门，依照有关法律的规定对环境污染防治实施监督管理。

县级以上人民政府的土地、矿产、林业、农业、水利行政主管部门，依照有关法律的规定对资源的保护实施监督管理。

第八条 对保护和改善环境有显著成绩的单位和个人，由人民政府给予奖励。

第二章 环境监督管理

第九条 国务院环境保护行政主管部门制定国家环境质量标准。

省、自治区、直辖市人民政府对国家环境质量标准中未作规定的项目，可以制定地方环境标准，并报国务院环境保护行政主管部门备案。

第十条 国务院环境保护行政主管部门根据国家环境质量标准和国家经济、技术条件，制定国家污染物排放标准。

省、自治区、直辖市人民政府对国家污染物排放标准中未作规定的项目，可以制定地方污染物排放标准；对国家污染物排放标准中已作规定的项目，可以制定严于国家污染物排放标准。地方污染物排放标准须报国务院环境保护行政主管部门备案。

凡是向已有地方污染物排放标准的区域排放污染物的，应当执行地方污染物排放标准。

第十一条 国务院环境保护行政主管部门建立监测制度，制定监测规范，会同有关部门组织监测网络，加强对环境监测的管理。

国务院和省、自治区、直辖市人民政府的环境保护行政主管部门，应当定期发布环境公报。

第十二条 县级以上人民政府的环境保护行政主管部门，应当会同有关部门对管辖范围内的环境状况进行调查和评价，拟订环境保护计划，经计划部门综合平衡后，报同级人民政府批准实施。

第十三条 建设污染环境项目，必须遵守国家有关建设项目环境保护管理的规定。

建设项目的环境影响报告书，必须对建设项目产生的污染和对环境的影响作出评价，规定防治措施，经项目主管部门预审并依照规定的程序报环境保护行政主管部门批准。环境影响报告书经批准后，计划部门方可批准建设项目设计书。

第十四条 县级以上人民政府环境保护行政主管部门或者其它依照法律规定行使环境监督管理权的部门，有权对管辖范围内的排污单位进行现场检查。被检查的单位应当如实反映情况，提供必要的资料。检查部门应为被检查单位保守技术秘密和业务秘密。

第十五条 跨行政区的环境污染和环境破坏的防治工作，由有关地方人民政府协商解决，或者由上级人民政府协调解决，作出决定。

第三章 保护和改善环境

第十六条 地方各级人民政府，应当对本辖区的环境质量负责，采取措施改善环境质量。

第十七条 各级人民政府对具有代表性的各种类型的自然生态系统区域，珍稀、濒危的野生动物自然分布区域，重要的水源涵养区域，具有重大科学文化价值的地质构造、著名的溶洞和化石分布区、冰川、火山、温泉等自然遗迹，以及人文遗迹、古树名木，应当采取措施加以保护，严禁破坏。

第十八条 在国务院、国务院有关部门和省、自治区、直辖市人民政府规定的风景名胜区、自然保护区和其它需要特别保护的区域内，不得建设污染环境的工业生产设施；建设其它设施，其污染物排放不得超过规定的排放标准。已经建成的设施，其污染物排放超过规定排放标准的，限期治理。

第十九条 开发利用自然资源，必须采取措施保护生态环境。

第二十条 各级人民政府应当加强对农业环境的保护，防治土壤污染、土地沙化、盐渍化、贫瘠化、沼泽化、地面沉降和防治植被破坏、水土流失、水源枯竭、种源灭绝以及其它生态失调现象的发生和发展，推广植物病虫害的综合防治，合理利用化肥、农药及植物生长激素。

第二十一条 国务院和沿海地方人民政府应当加强对海洋环境的保护。向海洋排放污染物、倾倒废弃物，进行海岸工程建设和海洋石油勘探开发，必须依照法律的规定，防止对海洋环境的污染损害。

第二十二条 制定城市规划，应当确定保护和改善环境的目标和任务。

第二十三条 城乡建设应当结合当地自然环境的特点，保护植被、水域和自然景观，加强城市园林、绿地和风景名胜区的建设。

第四章 防治环境污染和其它公害

第二十四条 产生环境污染和其它公害的单位，必须把环境保护工作纳入计划，建立环境保护责任制度；采取有效措施，防治在生产建设或者其它活动中产生的废气、废水、废渣、粉尘、恶臭气体、放射性物质以及噪声振动、电磁波辐射等对环境的污染和危害。

第二十五条 新建工业企业和现有工业企业的技术改造，应当采用资源利用率高、污染物排放量少的设备和工艺，采用经济合理的废弃物综合利用技术和污染物处理技术。

第二十六条 建设项目中防治污染的措施，必须与主体工程同时设计、同时施工、同时投产使用。防治污染的设施必须经原审批环境影响报告书的环境保护行政主管部门验收合格后，该建设项目方可投入生产或者使用。

防治污染的设施不得擅自拆除或者闲置，确有必要拆除或者闲置的，必须征得所在地的环境保护行政主管部门的同意。

第二十七条 排放污染物的企业事业单位，必须依照国务院环境保护行政主管部门的规定申报登记。

第二十八条 排放污染物超过国家或者地方规定的污染物排放标准的企业事业单位，依照国家规定缴纳超标准排污费，并负责治理。水污染防治法另有规定的，依照水污染防治法的规定执行。

征收的超标准排污费必须用于污染的防治，不得挪作他用，具体使用办法由国务院规定。

第二十九条 对造成环境严重污染的企业事业单位，限期治理。

中央或省、自治区、直辖市人民政府直接管辖的企业事业单位的限期治理，由省、自治区、直辖市人民政府决定。市、县或者市、县以下人民政府管辖的企业事业单位的限期治理，由市、县人民政府决定。被限期治理的企业事业单位必须如期完成治理任务。

第三十条 禁止引进不符合我国环境保护规定要求的技术和设备。

第三十一条 因发生事故或者其它突然性事件，造成或者可能造成污染事故的单位，必须立即采取措施处理，及时通报可能受到污染危害的单位和居民，并向当地环境保护行政主管部门和有关部门报告，接受调查处理。

可能发生重大污染事故的企业事业单位，应当采取措施，加强防范。

第三十二条 县级以上人民政府环境保护行政主管部门，在环境受到严重污染威胁居民生命财产安全时，必须立即向当地人民政府报告，由人民政府采取有效措施，解除或者减轻危害。

第三十三条 生产、储存、运输、销售、使用有毒化学物品和含有放射性物质的物品，必须遵守国家有关规定，防止污染环境。

第三十四条 任何单位不得将产生严重污染的生产设备转移给没有污染防治能力的单位使用。

第五章 法律责任

第三十五条 违反本法规定，有下列行为之一的，环境保护行政主管部门或者其它依照法律规定行使环境监督管理权的部门可以根据不同情节，给予警告或者处以罚款：

（一）拒绝环境保护行政主管部门或者其它依照法律规定行使环境监督管理权的部门现场检查或者在被检查时弄虚作假的。

（二）拒报或者谎报国务院环境保护行政主管部门规定的有关污

染物排放申报事项的。

（三）不按国家规定缴纳超标准排污费的。

（四）引进不符合我国环境保护规定要求的技术和设备的。

（五）将产生严重污染的生产设备转移给没有污染防治能力的单位使用的。

第三十六条 建设项目的防止污染设施没有建成或者没有达到国家规定的要求，投入生产或者使用的，由批准该建设项目的环境影响报告书的环境保护行政主管部门责令停止生产或者使用，可以并处罚款。

第三十七条 未经环境保护行政主管部门同意，擅自拆除或者闲置防治污染的设施，污染物排放超过规定的排放标准的，由环境保护行政主管部门责令重新安装使用，并处罚款。

第三十八条 对违反本法规定，造成环境污染事故的企业事业单位，由环境保护行政主管部门或者其它依照法律规定行使环境监督管理权的部门根据所造成的危害后果处以罚款；情节严重的，对有关责任人员由其所在单位或者政府主管机关给予行政处分。

第三十九条 对经限期治理逾期未完成治理任务的企业事业单位，除依照国家规定加收超标准排污费外，可以根据所造成的危害后果处以罚款，或者责令停业、关闭。

前款规定的罚款由环境保护行政主管部门决定。责令停业、关闭，由作出限期治理决定的人民政府决定；责令中央直接管辖的企业事业单位停业、关闭，须报国务院批准。

第四十条 当事人对行政处罚不服的，可以在接到处罚通知之日起 15 日内，向作出处罚决定的机关的上一级机关申请复议；对复议决定不服的，可以在接到复议通知之日起 15 日内，向人民法院起诉。当事人也可以在接到处罚通知之日起 15 日内，直接向人民法院起诉。当事人逾期不申请复议、也不向人民法院起诉、又不履行处罚决定的，由作出处罚决定的机关申请人民法院强制执行。

第四十一条 造成环境污染危害的，有责任排除危害，并对直接受到损害的单位或者个人赔偿损失。

赔偿责任和赔偿金额的纠纷，可以根据当事人的请求，由环境保护行政主管部门或者其它依照法律规定行使环境监督管理权的部门处理，当事人对处理决定不服的，可以向人民法院起诉。当事人也可以直接向人民法院起诉。

完全由于不可抗拒的自然灾害，并经及时采取合理措施，仍然不能避免造成环境污染损害的，免于承担责任。

第四十二条 因环境污染损害赔偿提起诉讼的时效期间为3年，从当事人知道或者应当知道受到污染损害起时计算。

第四十三条 违反本法规定，造成重大环境污染事故，导致公私财产重大损失或者人身伤亡的严重后果的，对直接责任人员依法追究刑事责任。

第四十四条 违反本法规定，造成土地、森林、草原、水、矿产、渔业、野生动植物等资源的破坏的，依照有关法律的规定承担法律责任。

第四十五条 环境保护监督管理人员滥用职权、玩忽职守、徇私舞弊的，由其所在单位或者上级主管机关给予行政处分；构成犯罪的，依法追究刑事责任。

第六章 附 则

第四十六条 中华人民共和国缔结或者参加的与环境保护有关的国际公约，同中华人民共和国的法律有不同规定的，适用国际公约的规定，但中华人民共和国声明保留的条款除外。

第四十七条 本法自发布之日起施行。《中华人民共和国环境保护法（试行）》同时废止。

6 锅炉大气污染物排放标准

（GB 13271—2001）

代替 GB 13271—1991，GWPB 3—1999

1 范围

本标准分年限规定了锅炉烟气中烟尘、二氧化硫和氮氧化物的最高允许排放浓度和烟气黑度的排放限值。

本标准适用于除煤粉发电锅炉和 >45.5MW（65t/h）沸腾、燃油、燃气发电锅炉以外的各种容量和用途的燃煤锅炉、燃油锅炉和燃气锅炉排放大气污染物的管理，以及建设项目环境影响评价、设计、竣工验收和建成后的排污管理。

使用甘蔗渣、锯末稻壳、树皮等燃料的锅炉，参照本标准中燃煤锅炉大气污染物最高允许排放浓度执行。

2 引用标准

下列标准所包含的条文，通过在本标准中引用而构成本标准的条文。

GB 3095—1996	环境空气质量标准
GB 5468—1991	锅炉烟尘测试方法
GB/T 16157—1996	固定污染源排气中颗粒物测定与气态污染物采样方法

3 定义

3.1 标准状态

锅炉烟气在温度为 273K，压力为 101325Pa 时的状态，简称“标态”。本标准规定的排放浓度均指标准状态下干烟气中的数值。

3.2 烟尘初始排放浓度

指自锅炉烟气出口处或进入净化装置前的烟尘排放浓度。

3.3 烟尘排放浓度

指锅炉烟气经净化装置后的烟尘排放浓度。未安装净化装置的锅炉，烟尘初始排放浓度即是锅炉烟尘排放浓度，其数值也相同。

3.4 自然通风锅炉

自然通风是利用烟囱内、外温度不同所产生的压力差，将空气吸入炉膛参与燃烧，把燃烧产物排向大气的一种通风方式。这种不采用鼓、引风机机械通风的锅炉，称之为自然通风锅炉。

3.5 收到基灰分

以收到状态的煤为基准，测定的灰分含量，曾称“应用基灰分”，用“Aar”表示。

3.6 过量空气系数

燃料燃烧时实际空气需要量与理论空气需要量之比值，用“α”表示。

4 技术内容

4.1 适用区域划分类别

本标准中的一类区和二、三类区系指 GB 3095—1996《环境空气质量标准》中所规定的环境空气质量功能区的分类区域。

本标准中的“两控区”系指《国务院关于酸雨控制区和二氧化硫污染控制区有关问题的批复》中所划定的酸雨控制区和二氧化硫污染控制区的范围。

4.2 年限划分

本标准按锅炉建成使用年限分为两个阶段，执行不同的大气污染物排放标准。

Ⅰ时段：2000 年 12 月 31 日前建成使用的锅炉；

Ⅱ时段：2001 年 1 月 1 日起建成使用的锅炉（含在Ⅰ时段立项未建成或未运行使用的锅炉和建成使用锅炉中需要扩建、改造的锅炉）。

4.3 锅炉烟尘最高允许排放浓度和烟气黑度限值，按表1的时段规定执行。

表1 锅炉烟尘最高允许排放浓度和烟气黑度限值

锅炉类别		适用区域	烟尘排放浓度/$mg \cdot m^{-3}$		烟气黑度（林格曼黑度，级）
			Ⅰ时段	Ⅱ时段	
燃煤锅炉	自然通风锅炉（<0.7MW(1t/h)）	一类区	100	80	1
		二、三类区	150	120	
	其它锅炉	一类区	100	80	1
		二类区	250	200	
		三类区	350	250	
燃油锅炉	轻柴油、煤油	一类区	80	80	1
		二、三类区	100	100	
	其它燃料油	一类区	100	80*	1
		二、三类区	200	150	
燃气锅炉		全部区域	50	50	1

注：*禁止新建以重油、渣油为燃料的锅炉。

4.4 锅炉二氧化硫和氮氧化物最高允许排放浓度，按表2的时段规定执行。

表2 锅炉二氧化硫和氮氧化物最高允许排放浓度

锅炉类别		适用区域	SO_2排放浓度/$mg \cdot m^{-3}$		NO_x排放浓度/$mg \cdot m^{-3}$	
			Ⅰ时段	Ⅱ时段	Ⅰ时段	Ⅱ时段
燃煤锅炉		全部区域	1200	900	—	—
燃油锅炉	轻柴油、煤油	全部区域	700	500	—	400
	其它燃料油	全部区域	1200	900*	—	400*
燃气锅炉		全部区域	100	100	—	400

注：*一类区内禁止新建以重油、渣油为燃料的锅炉。

4.5 燃煤锅炉烟尘初始排放浓度和烟气黑度限值，根据锅炉销售出厂时间，按表3的时段规定执行。

表3 燃煤锅炉烟尘初始排放浓度和烟气黑度限值

锅炉类别		燃煤收到基灰分（质量分数）/%	烟尘初始排放浓度/mg·m^{-3}		烟气黑度（林格曼黑度，级）
			Ⅰ时段	Ⅱ时段	
层燃锅炉	自然通风锅炉（<0.7MW(1t/h)）	—	150	120	1
	其它锅炉（≤2.8MW(4t/h)）	Aar≤25%	1800	1600	1
		Aar>25%	2000	1800	
	其它锅炉（≤2.8MW(4t/h)）	Aar≤25%	2000	1800	1
		Aar>25%	2200	2000	
沸腾锅炉	循环流化床锅炉	—	15000	15000	1
	其它沸腾锅炉	—	20000	18000	
抛煤机锅炉		—	5000	5000	1

4.6 其它规定

4.6.1 燃煤、燃油（燃轻柴油、煤油除外）锅炉房烟囱高度的规定

4.6.1.1 每个新建锅炉房只能设一根烟囱，烟囱高度应根据锅炉房装机总容量，按表4规定执行。

表4 燃煤、燃油（燃轻柴油、煤油除外）锅炉房烟囱最低允许高度

锅炉房装机总容量	MW	<0.7	0.7~<1.4	1.4~<2.8	2.8~<7	7~<14	14~<28
	t/h	<1	1~<2	2~<4	4~<10	10~<20	20~≤40
烟囱最低允许高度	m	20	25	30	35	40	45

4.6.1.2 锅炉房装机总容量大于28MW(40t/h)时，其烟囱高度应按批准的环境影响报告书（表）要求确定，但不得低于45m。新建锅炉房烟囱周围半径200m距离内有建筑物时，其烟囱应高出最高建筑物3m以上。

4.6.2 燃气、燃轻柴油、煤油锅炉烟囱高度的规定

燃气、燃轻柴油、煤油锅炉烟囱高度应按批准的环境影响报告书（表）要求确定，但不得低于8m。

4.6.3 各种锅炉烟囱高度如果达不到4.6.1、4.6.2的任何一项规定

时，其烟尘、SO_2、NO_x 最高允许排放浓度，应按相应区域和时段排放标准值的50%执行。

4.6.4 ≥0.7MW（1t/h）各种锅炉烟囱应按 GB 5468—1991 和 GB/T 16157—1996 的规定设置便于永久采样监测孔及其相关设施，自本标准实施之日起，新建成使用（含扩建、改造）单台容量≥14MW(20t/h)的锅炉，必须安装固定的连续监测烟气中烟尘、SO_2 排放浓度的仪器。

5 监测

5.1 监测锅炉烟尘、二氧化硫、氮氧化物排放浓度的采样方法应按 GB 5468 和 GB/T 16157 规定执行。二氧化硫、氮氧化物的分析方法按国家环境保护总局规定执行。（在国家颁布相应标准前，暂时采用《空气与废气监测分析方法》——中国环境科学出版社出版）。

5.2 实测的锅炉烟尘、二氧化硫、氮氧化物排放浓度，应按表5中规定的过量空气系数 α 进行折算。

表5 各种锅炉过量空气系数折算值

锅炉类型	折算项目	过量空气系数
燃煤锅炉	烟尘初始排放浓度	$\alpha=1.7$
	烟尘、二氧化硫排放浓度	$\alpha=1.8$
燃油、燃气锅炉	烟尘、二氧化硫、氮氧化物排放浓度	$\alpha=1.2$

6 标准实施

6.1 位于两控区内的锅炉，二氧化硫排放除执行本标准外，还应执行所在控制区规定的总量控制标准。

6.2 本标准由县级以上人民政府环境保护主管部门负责监督实施。

7 危险废物贮存污染控制标准

（GB 18597—2001）
国家环境保护总局发布
国家质量监督检验检疫总局

前 言

为贯彻《中华人民共和国固体废物污染环境防治法》，防止危险废物贮存过程造成的环境污染，加强对危险废物贮存的监督管理，制定本标准。

本标准规定了对危险废物贮存的一般要求，对危险废物包装、贮存设施的选址、设计、运行、安全防护、监测和关闭等要求。

本标准为首次发布。

本标准中附录 A 是标准的附录，附录 B 是提示的附录。

本标准由国家环保总局科技标准司提出。

本标准由沈阳环境科学研究所负责起草。

本标准由国家环境保护总局负责解释。

1 主题内容与适用范围

1.1 主题内容

本标准规定了对危险废物贮存的一般要求，对危险废物的包装、贮存设施的选址、设计、运行、安全防护、监测和关闭等要求。

1.2 适用范围

本标准适用于所有危险废物（尾矿除外）贮存的污染控制及监督管理，适用于危险废物的产生者、经营者和管理者。

2 引用标准

下列标准所含的条文，通过在本标准中引用而构成本标准的条文，与本标准同效。

大气污染物综合排放标准 GB 16297—1996

污水综合排放标准 GB 8978—1996

危险废物鉴别标准 GB 5085.1—3—1996

环境保护图形标志-固体废物贮存(处置)场标准 GB 15562.2—1995

恶臭污染物排放标准 GB 14554—93

固体废弃物浸出毒性测定方法 GB/T 1555.1—12—95

当上述标准被修订时，应使用其最新版本。

3 定义

3.1 危险废物

指列入国家危险废物名录或者根据国家规定的危险废物鉴别标准和鉴别方法认定的具有危险特性的废物。

3.2 危险废物贮存

指危险废物再利用、或无害化处理和最终处置前的存放行为。

国家环境保护总局 2001—11—26 批准 2002—07—01 实施。

3.3 贮存设施

指按规定设计、建造或改建的用于专门存放危险废物的设施。

3.4 集中贮存

指危险废物集中处理、处置设施中所附设的贮存设施和区域性的集中贮存设施。

3.5 容器

指按标准要求盛载危险废物的器具。

4 一般要求

4.1 所有危险废物产生者和危险废物经营者应建造专用的危险废物贮存设施，也可利用原有构筑物改建成危险废物贮存设施。

4.2 在常温常压下易爆、易燃及排出有毒气体的危险废物必须进行预处理，使之稳定后贮存，否则，按易爆、易燃危险品贮存。

4.3 在常温常压下不水解、不挥发的固体危险废物可在贮存设施内分别堆放。

4.4　除4.3规定外，必须将危险废物装入容器内。
4.5　禁止将不相容（相互反应）的危险废物在同一容器内混装。
4.6　无法装入常用容器的危险废物可用防漏胶袋等盛装。
4.7　装载液体、半固体危险废物的容器内须留足够空间，容器顶部与液体表面之间保留100mm以上的空间。
4.8　医院产生的临床废物，必须当日消毒，消毒后装入容器。常温下贮存期不得超过一天，于5℃以下冷藏的，不得超过7天。
4.9　盛装危险废物的容器上必须粘贴符合本标准附录A所示的标签。
4.10 危险废物贮存设施在施工前应做环境影响评价。

5　危险废物贮存容器

5.1　应当使用符合标准的容器盛装危险废物。
5.2　装载危险废物的容器及材质要满足相应的强度要求。
5.3　装载危险废物的容器必须完好无损。
5.4　盛装危险废物的容器材质和衬里要与危险废物相容（不相互反应）。
5.5　液体危险废物可注入开孔直径不超过70mm并有放气孔的桶中。

6　危险废物贮存设施的选址与设计原则

6.1　危险废物集中贮存设施的选址
6.1.1　地质结构稳定，地震烈度不超过7度的区域内。
6.1.2　设施底部必须高于地下水最高水位。
6.1.3　场界应位于居民区800m以外，地表水域150m以外。
6.1.4　应避免建在溶洞区或易遭受严重自然灾害（如洪水、滑坡、泥石流、潮汐等）影响的地区。
6.1.5　应在易燃、易爆等危险品仓库、高压输电线路防护区域以外。
6.1.6　应位于居民中心区常年最大风频的下风向。
6.1.7　集中贮存的废物堆选址除满足以上要求外，还应满足6.3.1款要求。
6.2　危险废物贮存设施（仓库式）的设计原则

6.2.1 地面与裙脚要用坚固、防渗的材料建造，建筑材料必须与危险废物相容。

6.2.2 必须有泄漏液体收集装置、气体导出口及气体净化装置。

6.2.3 设施内要有安全照明设施和观察窗口。

6.2.4 用以存放装载液体、半固体危险废物容器的地方，必须有耐腐蚀的硬化地面，且表面无裂隙。

6.2.5 应设计堵截泄漏的裙脚，地面与裙脚所围建的容积不低于堵截最大容器的最大储量或总储量的五分之一。

6.2.6 不相容的危险废物必须分开存放，并设有隔离间隔断。

6.3 危险废物的堆放

6.3.1 基础必须防渗，防渗层为至少1m厚粘土层（渗透系数$\leqslant 10^{-7}$cm/s），或2mm厚高密度聚乙烯，或至少2mm厚的其它人工材料，渗透系数$\leqslant 10^{-10}$cm/s。

6.3.2 堆放危险废物的高度应根据地面承载能力确定。

6.3.3 衬里放在一个基础或底座上。

6.3.4 衬里要能够覆盖危险废物或其溶出物可能涉及的范围。

6.3.5 衬里材料与堆放危险废物相容。

6.3.6 在衬里上设计、建造浸出液收集清除系统。

6.3.7 应设计建造径流疏导系统，保证能防止25年一遇的暴雨不会流到危险废物堆里。

6.3.8 危险废物堆内设计雨水收集池，并能收集25年一遇的暴雨24小时降水量。

6.3.9 危险废物堆要防风、防雨、防晒。

6.3.10 产生量大的危险废物可以散装方式堆放贮存在按上述要求设计的废物堆里。

6.3.11 不相容的危险废物不能堆放在一起。

6.3.12 总贮存量不超过300kg(L)的危险废物要放入符合标准的容器内，加上标签，容器放入坚固的柜或箱中，柜或箱应设多个直径不小于30mm的排气孔。不相容危险废物要分别存放或存放在不渗透间隔分开的区域内，每个部分都应有防漏裙脚或储漏盘，防漏裙脚或储漏盘的材料要与危险废物相容。

7　危险废物贮存设施的运行与管理

7.1　从事危险废物贮存的单位，必须得到有资质单位出具的该危险废物样品物理和化学性质的分析报告，认定可以贮存后，方可接收。

7.2　危险废物贮存前应进行检验，确保同预定接收的危险废物一致，并登记注册。

7.3　不得接收未粘贴符合 4.9 规定的标签或标签没按规定填写的危险废物。

7.4　盛装在容器内的同类危险废物可以堆叠存放。

7.5　每个堆间应留有搬运通道。

7.6　不得将不相容的废物混合或合并存放。

7.7　危险废物产生者和危险废物贮存设施经营者均须作好危险废物情况的记录，记录上须注明危险废物的名称、来源、数量、特性和包装容器的类别、入库日期、存放库位、废物出库日期及接收单位名称。

危险废物的记录和货单在危险废物回取后应继续保留三年。

7.8　必须定期对所贮存的危险废物包装容器及贮存设施进行检查，发现破损，应及时采取措施清理更换。

7.9　泄漏液、清洗液、浸出液必须符合 GB 8978 的要求方可排放，气体导出口排出的气体经处理后，应满足 GB 16297 和 GB 14554 的要求。

8　危险废物贮存设施的安全防护与监测

8.1　安全防护

8.1.1　危险废物贮存设施都必须按 GB 15562.2 的规定设置警示标志。

8.1.2　危险废物贮存设施周围应设置围墙或其它防护栅栏。

8.1.3　危险废物贮存设施应配备通讯设备、照明设施、安全防护服装及工具，并设有应急防护设施。

8.1.4　危险废物贮存设施内清理出来的泄漏物，一律按危险废物处理。

8.2 按国家污染源管理要求对危险废物贮存设施进行监测。

9 危险废物贮存设施的关闭

9.1 危险废物贮存设施经营者在关闭贮存设施前应提交关闭计划书，经批准后方可执行。
9.2 危险废物贮存设施经营者必须采取措施消除污染。
9.3 无法消除污染的设备、土壤、墙体等按危险废物处理，并运至正在营运的危险废物处理处置场或其它贮存设施中。
9.4 监测部门的监测结果表明已不存在污染时，方可摘下警示标志，撤离留守人员。

10 标准的实施与监督

本标准由县级以上人民政府环境保护行政主管部门负责实施与监督。

8 污水综合排放标准

（GB 8978—1996 1998 年—01—01 实施）

为贯彻《中华人民共和国环境保护法》、《中华人民共和国水污染防治法》和《中华人民共和国海洋环境保护法》，控制水污染，保护江河、湖泊、运河、渠道、水库和海洋等地面水以及地下水水质的良好状态，保障人体健康，维护生态平衡，促进国民经济和城乡建设的发展，特制定本标准。

1 主题内容与适用范围

1.1 主题内容

本标准按照污水排放去向，分年限规定了 69 种水污染物最高允许排放浓度及部分行业最高允许排水量。

1.2 适用范围

本标准适用于现有单位水污染物的排放管理，以及建设项目的环境影响评价、建设项目环境保护设施设计、竣工验收及其投产后的排放管理。

按照国家综合排放标准与国家行业排放标准不交叉执行的原则，造纸工业执行《造纸工业水污染物排放标准（GB 3544—1992)》，船舶执行《船舶污染物排放标准（GB 3552—1983)》，船舶工业执行《船舶工业污染物排放标准（GB 4286—1984)》，海洋石油开发工业执行《海洋石油开发工业含油污水排放标准（GB 4914—1985)》，纺织染整工业执行《纺织染整工业水污染物排放标准（GB 4287—1992)》，肉类加工工业执行《肉类加工工业水污染物排放标准（GB 13457—1992)》，合成氨工业执行《合成氨工业水污染物排放标准（GB 13458—1992)》，钢铁工业执行《钢铁工业水污染物排放标准（GB 13456—1992)》，航天推进剂使用执行《航天推进剂水污染物排放标准（GB 14374—1993)》，兵器工业执行《兵器工业水污染物排放标准(GB 14470.1 ~ 14470.3—1993 和 GB 4274 ~ 4279—1984)》，磷肥工业执行《磷肥工业水污染物排放标准（GB 15580—1995)》，烧碱、聚氯乙烯工业执行《烧碱、聚氯乙烯工业水污染物排放标准（GB（15581—1995)），其他水污染物排放均执行本标准。

1.3 本标准颁布后，新增加国家行业水污染物排放标准的行业，按其适用范围执行相应的国家水污染物行业标准，不再执行本标准。

2 引用标准

下列标准所包含的条文，通过在本标准中引用而构成为本标准的条文。

GB 3097—1982 海水水质标准

GB 3838—1988 地面水环境质量标准

GB 8703—1988 辐射防护规定

3 定义

3.1 污水：指在生产与生活活动中排放的水的总称。

3.2 排水量：指在生产过程中直接用于工艺生产的水的排放量。不包括间接冷却水、厂区锅炉、电站排水。

3.3 一切排污单位：指本标准适用范围所包括的一切排污单位。

3.4 其他排污单位：指在某一控制项目中，除所列行业外的一切排污单位。

4 技术内容

4.1 标准分级

4.1.1 排入 GB 3838Ⅲ类水域（划定的保护区和游泳区除外）和排入 GB 3097 中二类海域的污水，执行一级标准。

4.1.2 排入 GB 3838 中Ⅳ、Ⅴ类水域和排入 GB 3097 中三类海域的污水，执行二级标准。

4.1.3 排入设置二级污水处理厂的城镇排水系统的污水，执行三级标准。

4.1.4 排入未设置二级污水处理厂的城镇排水系统的污水，必须根据排水系统出水受纳水域的功能要求，分别执行 4.1.1 和 4.1.2 的规定。

4.1.5 GB3838 中Ⅰ、Ⅱ类水域和Ⅲ类水域中划定的保护区，GB 3097 中一类海域，禁止新建排污口，现有排污口应按水体功能要求，实行污染物总量控制，以保证受纳水体水质符合规定用途的水质标准。

4.2 标准值

4.2.1 本标准将排放的污染物按其性质及控制方式分为二类。

4.2.1.1 第一类污染物，不分行业和污水排放方式，也不分受纳水体的功能类别，一律在车间或车间处理设施排放口采样，其最高允许排放浓度必须达到本标准要求（采矿行业的尾矿坝出水口不得视为车间排放口）。

4.2.1.2 第二类污染物，在排污单位排放口采样，其最高允许排放浓度必须达到本标准要求。

4.2.2 本标准按年限规定了第一类污染物和第二类污染物最高允许排放浓度及部分行业最高允许排水量，分别为：

4.2.2.1 1997 年 12 月 31 日之前建设（包括改、扩建）单位，水污染物的排放必须同时执行表 1、表 2、表 3 的规定。

4.2.2.2 1998 年 1 月 1 日起建设（包括改、扩建）的单位，水污染物的排放必须同时执行表 1、表 4、表 5 的规定。

4.2.2.3 建设（包括改、扩建）单位的建设时间，以环境影响评价报告书（表）批准日期为准划分。

4.3 其他规定

4.3.1 同一排放口排放两种或两种以上不同类别的污水，且每种污水的排放标准又不同时，其混合污水的排放标准按本标准附录 A 计算。

4.3.2 工业污水污染物的最高允许排放负荷量按附录 B 计算。

4.3.3 污染物最高允许年排放总量按附录 C 计算。

4.3.4 对于排放含有放射性物质的污水，除执行本标准外，还须符合 GB 8703—1988《辐射防护规定》。

表1 第一类污染物最高允许排放浓度 单位：mg/L

序 号	污染物	最高允许排放浓度
1	总 汞	0.05
2	烷基汞	不得检出
3	总 镉	0.1
4	总 铬	1.5
5	六价铬	0.5
6	总 砷	0.5
7	总 铅	1.0
8	总 镍	1.0
9	苯并（a）芘	0.00003
10	总 铍	0.005
11	总 银	0.5
12	总 α 放射性	1Bq/L
13	总 β 放射性	10Bq/L

表2 第二类污染物最高允许排放浓度

（1997年12月31日之前建设的单位） 单位：mg/L

序号	污染物	适用范围	一级标准	二级标准	三级标准
1	pH	一切排污单位	6~9	6~9	6~9
2	色度（稀释倍数）	染料工业	50	180	—
		其他排污单位	50	80	—
3	悬浮物（SS）	采矿、选矿、选煤工业	100	300	—
		脉金选矿	100	500	—
		边远地区砂金选矿	100	800	—
		城镇二级污水处理厂	20	30	—
		其他排污单位	70	200	400
4	五日生化需氧量（BOD_5）	甘蔗制糖、苎麻脱胶、湿法纤维板工业	30	100	600
		甜菜制糖、酒精、味精、皮革、化纤浆粕工业	30	150	600
		城镇二级污水处理厂	20	30	—
		其他排污单位	30	60	300

续表2

序号	污染物	适用范围	一级标准	二级标准	三级标准
5	化学需氧量（COD）	甜菜制糖、焦化、合成脂肪酸、湿法纤维板、染料、洗毛、有机磷农药工业	100	200	1000
		味精、酒精、医药原料药、生物制药、苎麻脱胶、皮革、化纤浆粕工业	100	300	1000
		石油化工工业(包括石油炼制)	100	150	500
		城镇二级污水处理厂	60	120	—
		其他排污单位	100	150	500
6	石油类	一切排污单位	10	10	30
7	动植物油	一切排污单位	20	.20	100
8	挥发酚	一切排污单位	0.5	0.5	2.0
9	总氰化合物	电影洗片（铁氰化合物）	0.5	5.0	5.0
		其他排污单位	0.5	0.5	1.0
10	硫化物	一切排污单位	1.0	1.0	2.0
11	氨 氮	医药原料药、染料、石油化工工业	15	50	—
		其他排污单位	15	25	—
12	氟化物	黄磷工业	10	20	20
		低氟地区（水体含氟量<0.5mg/L）	10	20	30
		其他排污单位	10	10	20
13	磷酸盐（以P计）	一切排污单位	0.5	1.0	—
14	甲 醛	一切排污单位	1.0	2.0	5.0
15	苯胺类	一切排污单位	1.0	2.0	5.0
16	硝基苯类	一切排污单位	2.0	3.0	5.0
17	阴离子表面活性剂（LAS）	合成洗涤剂工业	5.0	15	20
		其他排污单位	5.0	10	20
18	总 铜	一切排污单位	0.5	1.0	2.0

续表2

序号	污染物	适用范围	一级标准	二级标准	三级标准
19	总 锌	一切排污单位	2.0	5.0	5.0
20	总 锰	合成脂肪酸工业	2.0	5.0	5.0
		其他排污单位	2.0	2.0	5.0
21	彩色显影剂	电影洗片	2.0	3.0	5.0
22	显影剂及氧化物总量	电影洗片	3.0	6.0	6.0
23	元素磷	一切排污单位	0.1	0.3	0.3
24	有机磷农药（以P计）	一切排污单位	不得检出	0.5	0.5
25	粪大肠菌群数	医院*、兽医院及医疗机构含病原体污水	500个/L	1000个/L	5000个/L
		传染病、结核病医院污水	100个/L	500个/L	1000个/L
26	总余氯（采用氯化消毒的医院污水）	医院*、兽医院及医疗机构含病原体污水	<0.5**	>3（接触时间≥1h）	>2（接触时间≥1h）
		传染病、结核病医院污水	<0.5**	>6.5（接触时间≥1.5h）	>5（接触时间≥1.5h）

注：*指50个床位以上的医院。

**加氯消毒后须进行脱氯处理，达到本标准。

表3 部分行业最高允许排水量

（1997年12月31日之前建设的单位）

序号	行业类别			最高允许排水量或最低允许水重复利用率
1	矿山工业	有色金属系统选矿		水重复利用率75%
		其他矿山工业采矿、选矿、选煤等		水重复利用率90%（选煤）
		脉金选矿	重 选	16.0m³/t（矿石）
			浮 选	9.0m³/t（矿石）
			氰 化	8.0m³/t（矿石）
			炭 浆	8.0m³/t（矿石）

续表 3

序号	行业类别			最高允许排水量或最低允许水重复利用率	
2	焦化企业（煤气厂）			1.2m^3/t（焦炭）	
3	有色金属冶炼及金属加工			水重复利用率 80%	
4	石油炼制工业（不包括直排水炼油厂） 加工深度分类： A. A. 燃料型炼油厂 B. B. 燃料+润滑油型炼油厂 C. C. 燃料+润滑油型+炼油化工型炼油厂 （包括加工高含硫原油页岩油和石油添加剂生产基地的炼油厂）			A	>500 万 t，1.0m^3/t（原油） 250~500 万 t，1.2m^3/t（原油） <250 万 t，1.5m^3/t（原油）
				B	>500 万 t，1.5m^3/t（原油） 250~500 万 t，2.0m^3/t（原油） <250 万 t，2.0m^3/t（原油）
				C	>250 万 t，2.0m^3/t（原油） 250~500 万 t，2.5m^3/t（原油） <250 万 t，2.5m^3/t（原油）
5	合成洗涤剂工业	氯化法生产烷基苯		200.0m^3/t（烷基苯）	
		裂解法生产烷基苯		70.0m^3/t（烷基苯）	
		烷基苯生产合成洗涤剂		10.0m^3/t（产品）	
6	合成脂肪酸工业			200.0m^3/t（产品）	
7	湿法生产脂肪酸工业			30.0m^3/t（板）	
8	制糖工业	甘蔗制糖		10.0m^3/t（甘蔗）	
		甜菜制糖		4.0m^3/t（甜菜）	
9	皮革工业	猪盐湿皮		60.0m^3/t（原皮）	
		牛干皮		100.0m^3/t（原皮）	
		羊干皮		150.0m^3/t（原皮）	
10	发酵、酿造工业	酒精工业	以玉米为原料	100.0m^3/t（酒精）	
			以薯类为原料	80.0m^3/t（酒精）	
			以糖蜜为原料	70.0m^3/t（酒精）	
		味精工业		600.0m^3/t（味精）	
		啤酒工业（排水量不包括麦芽水部分）		16.0m^3/t（啤酒）	

续表3

序号	行业类别		最高允许排水量或 最低允许水重复利用率
11	铬盐工业		5.0m^3/t（产品）
12	硫酸工业（水洗法）		15.0m^3/t（硫酸）
13	苎麻脱胶工业		500m^3/t（原麻）或 750m^3/t（精干麻）
14	化纤浆粕		本色：150m^3/t（浆） 漂白：240m^3/t（浆）
15	粘胶纤维工业（单纯纤维）	短纤维（棉型中长纤维、毛型中长纤维）	300m^3/t（纤维）
		长纤维	800m^3/t（纤维）
16	铁路货车洗刷		5.0m^3/辆
17	电影洗片		5m^3/1000m（35mm 的胶片）
18	石油沥青工业		冷却池的水循环利用率 95%

表4 第二类污染物最高允许排放浓度

（1998 年 1 月 1 日后建设的单位）

序号	污染物	适用范围	一级标准	二级标准	三级标准
1	pH	一切排污单位	6～9	6～9	6～9
2	色度（稀释倍数）	一切排污单位	50	80	—
3	悬浮物（SS）	采矿、选矿、选煤工业	70	300	—
		脉金选矿	70	400	—
		边远地区砂金矿	70	800	—
		城镇二级法水处理厂	20	30	—
		其他排污单位	70	150	400
4	五日生化需氧量（BOD_5）	甘蔗制糖、苎麻脱胶、湿法纤维板、染料、洗毛工业	20	60	600
		甜菜制糖、酒精、皮革、化纤浆粕工业	20	100	600
		城镇二级污水处理厂	20	30	—
		其他排污单位	20	30	300

续表 4

序号	污染物	适用范围	一级标准	二级标准	三级标准
5	化学需氧量（COD）	甜菜制糖、合成脂肪酸、湿法纤维板、染料、洗毛、有机磷农药工业	100	200	1000
		味精、酒精、医药原料药、生物制药、苎麻脱胶、皮革、化纤浆粕工业	100	300	1000
		石油化工工业（包括石油炼制）	60	120	500
		城镇二级污水处理厂	60	120	—
		其他排污单位	100	150	500
6	石油类	一切排污单位	5	10	20
7	动植物油	一切排污单位	10	15	100
8	挥发酚	一切排污单位	0.5	0.5	2.0
9	总氰化合物	一切排污单位	0.5	0.5	1.0
10	硫化物	一切排污单位	1.0	1.0	1.0
11	氨 氮	医药原料药、染料、石油化工工业	15	50	—
		其他排污单位	15	25	—
12	氟化物	黄磷工业	10	15	20
		低氟地区（水体含氟量 <0.5mg/L）	10	20	30
		其他排污单位	10	10	20
13	磷酸盐（以P计）	一切排污单位	0.5	1.0	—
14	甲 醛	一切排污单位	1.0	2.0	5.0
15	苯胺类	一切排污单位	1.0	2.0	5.0
16	硝基苯类	一切排污单位	2.0	3.0	5.0
17	阴离子表面活性剂（LAS）	一切排污单位	5.0	10	20

续表4

序号	污染物	适用范围	一级标准	二级标准	三级标准
18	总 铜	一切排污单位	0.5	1.0	2.0
19	总 锌	一切排污单位	2.0	5.0	5.0
20	总 锰	合成脂肪酸工业	2.0	5.0	5.0
		其他排污单位	2.0	2.0	5.0
21	彩色显影剂	电影洗片	1.0	2.0	3.0
22	显影剂及氧化物总量	电影洗片	3.0	3.0	6.0
23	元素磷	一切排污单位	0.1	0.1	0.3
24	有机磷农药（以P计）	一切排污单位	不得检出	0.5	0.5
25	乐 果	一切排污单位	不得检出	1.0	2.0
26	对硫磷	一切排污单位	不得检出	1.0	2.0
27	甲基对硫磷	一切排污单位	不得检出	1.0	2.0
28	马拉硫磷	一切排污单位	不得检出	5.0	10
29	五氯酚及五氯酚钠（以五氯酚计）	一切排污单位	5.0	8.0	10
30	可吸附有机卤化物	一切排污单位	1.0	5.0	8.0
31	三氯甲烷	一切排污单位	0.3	0.6	1.0
32	四氯化碳	一切排污单位	0.03	0.06	0.5
33	三氯乙烯	一切排污单位	0.3	0.6	1.0
34	四氯乙烯	一切排污单位	0.1	0.2	0.5
35	苯	一切排污单位	0.1	0.2	0.5
36	甲 苯	一切排污单位	0.1	0.2	0.5
37	乙 苯	一切排污单位	0.4	0.6	1.0
38	邻-二甲苯	一切排污单位	0.4	0.6	1.0
39	对-二甲苯	一切排污单位	0.4	0.6	1.0
40	间-二甲苯	一切排污单位	0.4	0.6	1.0

续表 4

序号	污染物	适用范围	一级标准	二级标准	三级标准
41	氯　苯	一切排污单位	0.2	0.4	1.0
42	邻-二氯苯	一切排污单位	0.4	0.6	1.0
43	对-二氯苯	一切排污单位	0.4	0.6	1.0
44	对-硝基氯苯	一切排污单位	0.5	1.0	5.0
45	2,4-二硝基氯苯	一切排污单位	0.5	1.0	5.0
46	苯　酚	一切排污单位	0.3	0.4	1.0
47	间-甲酚	一切排污单位	0.1	0.2	0.5
48	2,4-二氯酚	一切排污单位	0.6	0.8	1.0
49	2,4,6-三氯酚	一切排污单位	0.6	0.8	1.0
50	邻苯二甲酸二丁酯	一切排污单位	0.2	0.4	2.0
51	邻苯二甲酸二辛酯	一切排污单位	0.3	0.6	2.0
52	丙烯腈	一切排污单位	2.0	5.0	5.0
53	总硒	一切排污单位	0.1	0.2	0.5
54	粪大肠菌群数	医院*、兽医院及医疗机构含病原体污水	500 个/L	1000 个/L	5000 个/L
		传染病、结核病医院污水	100 个/L	500 个/L	1000 个/L
55	总余氯（采用氯化消毒的医院污水）	医院*、兽医院及医疗机构含病原体污水	<0.5**	>3（接触时间≥1h）	>2（接触时间≥1h）
		传染病、结核病医院污水	<0.5**	>6.5（接触时间≥1.5h	>5（接触时间≥1.5h）
56	总有机碳（TOC）	合成脂肪酸工业	20	40	—
		苎麻脱胶工业	20	60	—
		其他排污单位	20	30	—

注：其他排污单位：指除在该控制项目中所列行业以外的一切排污单位。

*指 50 个床位以上的医院。

**加氯消毒后须进行脱氯处理，达到本标准。

表5 部分行业最高允许排水量

（1998年1月1日后建设的单位）

序号	行业类别				最高允许排水量或最低允许水重复利用率
1	矿山工业	有色金属系统选矿			水重复利用率75%
1	矿山工业	其他矿山工业采矿、选矿、选煤等			水重复利用率90%（选煤）
1	矿山工业	脉金选矿	重 选		16.0m^3/t（矿石）
1	矿山工业	脉金选矿	浮 选		9.0m^3/t（矿石）
1	矿山工业	脉金选矿	氰 化		8.0m^3/t（矿石）
1	矿山工业	脉金选矿	炭 浆		8.0m^3/t（矿石）
2	焦化企业（煤气厂）				1.2m^3/t（焦炭）
3	有色金属冶炼及金属加工				水重复利用率80%
4	石油炼制工业（不包括直排水炼油厂） 加工深度分类： A. A. 燃料型炼油厂 B. B. 燃料+润滑油型炼油厂 C. C. 燃料+润滑油型+炼油化工型炼油厂 （包括加工高含硫原油页岩油和石油添加剂生产基地的炼油厂）			A	>500万t，1.0m^3/t（原油）
				A	250~500万t，1.2m^3/t（原油）
				A	<250万t，1.5m^3/t（原油）
				B	>250万t，1.5m^3/t（原油）
				B	250~500万t，2.0m^3/t（原油）
				B	<250万t，2.0m^3/t（原油）
				C	>500万t，2.0m^3/t（原油）
				C	250~500万t，2.5m^3/t（原油）
				C	<250万t，2.5m^3/t（原油）
5	合成洗涤剂工业	氯化法生产烷基苯			200.0m^3/t（烷基苯）
5	合成洗涤剂工业	裂解法生产烷基苯			70.0m^3/t（烷基苯）
5	合成洗涤剂工业	烷基苯生产合成洗涤剂			10.0m^3/t（产品）
6	合成脂肪酸工业				200.0m^3/t（产品）
7	湿法生产纤维板工业				30.0m^3/t（板）
8	制糖工业	甘蔗制糖			10.0m^3/t（甘蔗）
8	制糖工业	甜菜制糖			4.0m^3/t（甜菜）
9	皮革工业	猪盐湿皮			60.0m^3/t（原皮）
9	皮革工业	牛干皮			100.0m^3/t（原皮）
9	皮革工业	羊干皮			150.0m^3/t（原皮）

续表 5

序号	行业类别			最高允许排水量或最低允许水重复利用率
10	发酵、酿造工业	酒精工业	以玉米为原料	100.0m³/t(酒精)
			以薯类为原料	80.0m³/t(酒精)
			以糖蜜为原料	70.0m³/t(酒精)
		味精工业		600.0m³/t(味精)
		啤酒行业(排水量不包括麦芽水部分)		16.0m³/t(啤酒)
11	铬盐工业			5.0m³/t(产品)
12	硫酸工业(水洗法)			15.0m³/t(硫酸)
13	苎麻脱胶工业			500m³/t(原麻)
				750m³/t(精干麻)
14	粘胶纤维工业单纯纤维	短纤维(棉型中长纤维、毛型中长纤维)		300.0m³/t(纤维)
		长纤维		800.0m³/t(纤维)
15	化纤浆粕			本色:150m³/t(浆); 漂白:240m³/t(浆)
16	制药工业医药原料药	青霉素		4700m³/t(青霉素)
		链霉素		1450m³/t(链霉素)
		土霉素		1300m³/t(土霉素)
		四环素		1900m³/t(四环素)
		洁霉素		9200m³/t(洁霉素)
		金霉素		3000m³/t(金霉素)
		庆大霉素		20400m³/t(庆大霉素)
		维生素 C		1200m³/t(维生素 C)
		氯霉素		2700m³/t(氯霉素)
		新诺明		2000m³/t(新诺明)
		维生素 B_1		3400m³/t(维生素 B_1)
		安乃近		180m³/t(安乃近)
		非那西汀		750m³/t(非那西汀)
		呋喃唑酮		2400m³/t(呋喃唑酮)
		咖啡因		1200m³/t(咖啡因)

续表5

序号	行业类别		最高允许排水量或最低允许水重复利用率
17	有机磷农药工业*	乐果**	$7009m^3/t$(产品)
		甲基对硫桃(水相法)**	$300m^3/t$(产品)
		对硫磷(P_2S_5 法)**	$500m^3/t$(产品)
		对硫磷($PSCl_3$ 法)**	$550m^3/t$(产品)
		敌敌畏(敌百虫碱解法)	$200m^3/t$(产品)
		敌百虫	$40m^3/t$(产品)(不包括三氯乙醛生产废水)
		马拉硫磷	$700m^3/t$(产品)
18	除草剂工业*	除草醚	$5m^3/t$(产品)
		五氯酚钠	$2m^3/t$(产品)
		五氯酚	$4m^3/t$(产品)
		2甲4氯	$14m^3/t$(产品)
		2,4-D	$4m^3/t$(产品)
		丁草胺	$4m^3/t$(产品)
		绿麦隆(以Fe粉还原)	$2m^3/t$(产品)
		绿麦隆(以 Na_2S 还原)	$3m^3/t$(产品)
19	火力发电工业		$3.5m^3/t$(MW·h)
20	铁路货车洗刷		$5.0m^3$/辆
21	电影洗片		$5m^3/1000m$(35mm 胶片)
22	石油沥青工业		冷却池的水循环利用率95%

注：*产品按100%浓度计。

**不包括 P_2S_5、$PSCl_3$、PCl_3 原料生产废水。

5 监测

5.1 采样点

采样点应按4.2.1.1及4.2.1.2第一、二类污染物排放口的规定设置，在排放口必须设置排放口标志、污水水量计量装置和污水比例采样装置。

5.2 采样频率

工业污水按生产周期确定监测频率。生产周期在8h以内的，每2h采样一次；生产周期大于8h的，每4h采样一次。其他污水采样，24h不少于2次。最高允许排放浓度按日均值计算。

5.3 排水量

以最高允许排水量或最低允许水重复利用率来控制，均以月均值计。

5.4 统计

企业的原材料使用量、产品产量等，以法定月报表或年报表为准。

5.5 测定方法

本标准采用的测定方法见表6。

表6 测定方法

序号	项 目	测定方法	方法来源
1	总汞	冷原子吸收光度法	GB 7468—87
2	烷基汞	气相色谱法	GB/T 14204—93
3	总镉	原子吸收分光光度法	GB 7475—87
4	总铬	高锰酸钾氧化——二苯碳酰二肼分光光度法	GB 7466—87
5	六价铬	二苯碳酰二肼分光光度法	GB 7467—87
6	总砷	二乙基二硫代氨基甲酸银分光光度法	GB 7485—87
7	总铅	原子吸收分光光度法	GB 7475—87
8	总镍	火焰原子吸收分光光度法 丁二酮肟分光光度法	GB 19912—89 GB 19910—89
9	苯并（a）芘	乙酰化滤纸层析荧光分光光度法	GB 11895—89
10	总铍	活性炭吸附－铬天菁S光度法	1）
11	总银	火焰原子吸收分光光度法	GB 11907—89
12	总α	物理法	2）
13	总β	物理法	2）
14	pH值	玻璃电极法	GB 6920—86
15	色度	稀释倍数法	GB 11903—89

续表 6

序号	项　目	测定方法	方法来源
16	悬浮物	重量法	GB 11901—87
17	生化需氧量(BOD_5)	稀释与接种法 重铬酸钾紫外光度法	GB 7488—87 待颁布
18	化学需氧量(COD)	重铬酸钾法	GB 11914—89
19	石油类	红外光度法	GB/T 16488—1996
20	动植物油	红外光度法	GB/T 16488—1996
21	挥发酚	蒸馏后用 4 - 氨基安替吡啉分光光度法	GB 7490—87
22	总氰化物	硝酸银滴定法	GB 7486—87
23	硫化物	亚甲基蓝分光光度法	GB/T 16489—1996
24	氨　氮	钠氏试剂比色法 蒸馏和滴定法	GB 7478—87 GB 7479—87
25	氟化物	离子选择电极法	GB 7484—87
26	磷酸盐	钼蓝比色法	1)
27	甲　醛	乙酰丙酮分光光度法	GB 13197—91
28	苯胺类	N-（1-萘基）乙二胺偶氮分光光度法	GB 11889—89
29	硝基苯类	还原-偶氮比色法或分光光度法	1)
30	阴离子表面活性剂	亚甲蓝分光光度法	GB 7494—87
31	总　铜	原子吸收分光光度法 二乙基二硫化氨基甲酸钠分光光度法	GB 7475—87 GB 7474—87
32	总　锌	原子吸收分光光度法 双硫腙分光光度法	GB 7475—87 GB 7472—87
33	总　锰	火焰原子吸收分光光度法 高碘酸钾分光光度法	GB 11911—89 GB 11906—89
34	彩色显影剂	169 成色剂法	3)
35	显影剂及氧化物总量	碘-淀粉比色法	3)
36	元素磷	磷钼蓝比色法	3)
37	有机磷农药(以 P 计)	有机磷农药的测定	GB 13192—81
38	乐　果	气相色谱法	GB 13192—81

续表 6

序号	项 目	测定方法	方法来源
39	对硫磷	气相色谱法	GB 13192—81
40	甲基对硫磷	气相色谱法	GB 13192—81
41	马拉硫磷	气相色谱法	GB 13192—81
42	五氯酚及五氯酚钠（以五氯酚计）	气相色谱法 藏红 T 分光光度法	GB 8972—88 GB 9803—88
43	可吸附有机卤化物（AOX）（以 Cl 计）	微库仑法	GB/T 15959—95
44	三氯甲烷	气相色谱法	待颁布
45	四氯化碳	气相色谱法	待颁布
46	三氯乙烯	气相色谱法	待颁布
47	四氯乙烯	气相色谱法	待颁布
48	苯	气相色谱法	GB 11890—89
49	甲苯	气相色谱法	GB 11890—89
50	乙苯	气相色谱法	GB 11890—89
51	邻-二甲苯	气相色谱法	GB 11890—89
52	对-二甲苯	气相色谱法	GB 11890—89
53	间-二甲苯	气相色谱法	GB 11890—89
54	氯苯	气相色谱法	待颁布
55	邻-二氯苯	气相色谱法	待颁布
56	对-二氯苯	气相色谱法	待颁布
57	对-硝基氯苯	气相色谱法	GB 13194—91
58	2，4-二硝基氯苯	气相色谱法	GB 13194—91
59	苯酚	气相色谱法	待颁布
60	间-甲酚	气相色谱法	待颁布
61	2，4-二氯酚	气相色谱法	待颁布
62	2，4，6-三氯酚	气相色谱法	待颁布
63	邻苯二甲酸二丁酯	气相、液相色谱法	待制定
64	邻苯二甲酸二辛酯	气相、液相色谱法	待制定

续表6

序号	项　目	测定方法	方法来源
65	丙烯腈	气相色谱法	待制定
66	总　硒	2，3-二氨基萘荧光法	GB 11902—89
67	粪大肠菌群数	多管发酵法	1）
68	余氯量	N，N-二乙基-1，4-苯二胺分光光度法 N，N-二乙基-1，4-苯二胺滴定法	GB 11898—89 GB 11897—89
69	总有机碳（TOC）	非色散红外吸收法 直接紫外荧光法	待制定 待制定

注：暂采用下列方法，待国家方法标准发布后，执行国家标准。

1）《水和废水监测分析方法（第三版）》，中国环境科学出版社，1989年。

2）《环境监测技术规范（放射性部分）》，国家环境保护局。

3）说明详见本标准附录D。

6 标准实施监督

6.1 本标准由县级以上人民政府环境保护行政主管部门负责监督实施。

6.2 省、自治区、直辖市人民政府对执行国家水污物排放标准不能保证达到水环境功能要求时，可以制定严于国家水污染物排放标准的地方水污染物排放标准，并报国家环境保护行政主管部门备案。

9 大气污染物综合排放标准

(GB 16297—1996)

代替 GB 3548—1983、GB 4276—1984、GB 4277—1984、
GB 4282—1984、GB 4286—1984、GB 4911—1985、
GB 4912—1985、GB 4913—1985、GB 4916—1985、
GB 4917—1985、GBJ 4—1973 各标准中的废气部分

前 言

根据《中华人民共和国大气污染防治法》第七条的规定，制定本标准。

本标准在原有《工业“三废”排放试行标准》(GB J4—1973)废气部分和有关其它行业性国家大气污染物排放标准的基础上制定。本标准在技术内容上与原有各标准有一定的继承关系,亦有相当大的修改和变化。

本标准规定了 33 种大气污染物的排放限值，其指标体系为最高允许排放浓度、最高允许排放速率和无组织排放监控浓度限值。

国家在控制大气污染物排放方面，除本标准为综合性排放标准外，还有若干行业性排放标准共同存在，即除若干行业执行各自的行业性国家大气污染物排放标准外，其余均执行本标准。

本标准从 1997 年 1 月 1 日起实施。

下列各标准的废气部分由本标准取代，自本标准实施之日起，下列各标准的废气部分即行废除。

- GB J4—1973 工业“三废”排放试行标准
- GB 3548—1983 合成洗涤剂工业污染物排放标准
- GB 4276—1984 火炸药工业硫酸浓缩污染物排放标准
- GB 4277—1984 雷汞工业污染物排放标准
- GB 4282—1984 硫酸工业污染物排放标准
- GB 4286—1984 船舶工业污染物排放标准

- GB 4911—1985 钢铁工业污染物排放标准
- GB 4912—1985 轻金属工业污染物排放标准
- GB 4913—1985 重有色金属工业污染物排放标准
- GB 4916—1985 沥青工业污染物排放标准
- GB 4917—1985 普钙工业污染物排放标准

本标准的附录 A、附录 B、附录 C 都是标准的附录。

本标准由国家环境保护局科技标准司提出。

本标准由国家环境保护局负责解释。

1 主题内容与适用范围

1.1 主题内容

本标准规定了 33 种大气污染物的排放限值，同时规定了标准执行中的各种要求。

1.2 适用范围

1.2.1 在我国现有的国家大气污染物排放标准体系中，按照综合性排放标准与行业性排放标准不交叉执行的原则，锅炉执行 GB 13271—1991《锅炉大气污染物排放标准》、工业炉窑执行 GB 9078—1996《工业炉窑大气污染物排放标准》、火电厂执行 GB 13223—1996《火电厂大气污染物排放标准》、炼焦炉执行 GB 16171—1996《炼焦炉大气污染物排放标准》、水泥厂执行 GB 4915—1996《水泥厂大气污染物排放标准》、恶臭物质排放执行 GB 14554—1993《恶臭污染物排放标准》、汽车排放执行 GB 14761.1 ~ 14761.7—1993《汽车大气污染物排放标准》、摩托车排气执行 GB 14621—1993《摩托车排气污染物排放标准》，其它大气污染物排放均执行本标准。

1.2.2 本标准实施后再行发布的行业性国家大气污染物排放标准，按其适用范围规定的污染源不再执行本标准。

1.2.3 本标准适用于现有污染源大气污染物排放管理，以及建设项目的环境影响评价、设计、环境保护设施竣工验收及其投产后的大气污染物排放管理。

2 引用标准

下列标准所包含的条文，通过在本标准中引用而构成为本标准的条文。

GB 3095—1996 环境空气质量标准

GB/T 16157—1996 固定污染源排气中颗粒物测定与气态污染物采样方法。

3 定义

本标准采用下列定义：

3.1 标准状态

指温度为 273K，压力为 101325Pa 时的状态。本标准规定的各项标准值，均以标准状态下的干空气为基准。

3.2 最高允许排放浓度

指处理设施后排气筒中污染物任何 1 小时浓度平均值不得超过的限值；或指无处理设施排气筒中污染物任何 1 小时浓度平均值不得超过的限值。

3.3 最高允许排放速率

指一定高度的排气筒任何 1 小时排放污染物的质量不得超过的限值。

3.4 无组织排放

指大气污染物不经过排气筒的无规则排放。低矮排气筒的排放属有组织排放，但在一定条件下也可造成与无组织排放相同的后果。因此，在执行“无组织排放监控浓度限值”指标时，由低矮排气筒造成的监控点污染物浓度增加不予扣除。

3.5 无组织排放监控点

依照本标准附录 C 的规定，为判别无组织排放是否超过标准而设立的监测点。

3.6 无组织排放监控浓度限值

指监控点的污染物浓度在任何 1 小时的平均值不得超过的限值。

3.7 污染源

指排放大气污染物的设施或指排放大气污染物的建筑构造（如车间等）。

3.8 单位周界

指单位与外界环境接界的边界。通常应依据法定手续确定边界；若无法定手续，则按目前的实际边界确定。

3.9 无组织排放源

指设置于露天环境中具有无组织排放的设施，或指具有无组织排放的建筑构造（如车间、工棚等）。

3.10 排气筒高度

指自排气筒（或其主体建筑构造）所在的地平面至排气筒出口计的高度。

4 指标体系

本标准设置下列三项指标：

4.1 通过排气筒排放废气的最高允许排放浓度。

4.2 通过排气筒排放的废气，按排气筒高度规定的最高允许排放速率。

任何一个排气筒必须同时遵守上述两项指标，超过其中任何一项均为超标排放。

4.3 以无组织方式排放的废气，规定无组织排放的监控点及相应的监控浓度限值。该指标按照本标准第9.2条的规定执行。

5 排放速率标准分级

本标准规定的最高允许排放速率，现有污染源分一、二、三级，新污染源分为二、三级。按污染源所在的环境空气质量功能区类别，执行相应级别的排放速率标准，即：

位于一类区的污染源执行一级标准（一类区禁止新、扩建污染源，一类区现有污染源改建执行现有污染源的一级标准）；

位于二类区的污染源执行二级标准；

位于三类区的污染源执行三级标准。

6 标准值

6.1 1997年1月1日前设立的污染源（以下简称为现有污染源）执行表1所列标准值。

6.2 1997 年 1 月 1 日起设立（包括新建、扩建、改建）的污染源（以下简称为新污染源）执行表 2 所列标准值。

6.3 按下列规定判断污染源的设立日期：

6.3.1 一般情况下应以建设项目环境影响报告书（表）批准日期作为其设立日期。

6.3.2 未经环境保护行政主管部门审批设立的污染源，应按补做的环境影响报告书（表）批准日期作为其设立日期。

7 其它规定

7.1 排气筒高度除须遵守表列排放速率标准值外，还应高出周围 200m 半径范围的建筑 5m 以上，不能达到该要求的排气筒，应按其高度对应的表列排放速率标准值严格 50% 执行。

7.2 两个排放相同污染物（不论其是否由同一生产工艺过程产生）的排气筒，若其距离小于其几何高度之和，应合并视为一根等效排气筒。若有三根以上的近距排气筒，且排放同一种污染物时，应以前两根的等效排气筒，依次与第三、四根排气筒取等效值。等效排气筒的有关参数计算方法详见本标准附录 A。

7.3 若某排气筒的高度处于本标准列出的两个值之间，其执行的最高允许排放速率以内插法计算，内插法的计算式见本标准附录 B；当某排气筒的高度大于或小于本标准列出的最大或最小值时，以外推法计算其最高允许排放速率，外推法计算式见本标准附录 B。

7.4 新污染源的排气筒一般不应低于 15m。若新污染源的排气筒必须低于 15m 时，其排放速率标准值按 7.3 的外推计算结果再严格 50% 执行。

7.5 新污染源的无组织排放应从严控制，一般情况下不应有无组织排放存在，无法避免的无组织排放应达到表 2 规定的标准值。

7.6 工业生产尾气确需燃烧排放的，其烟气黑度不得超过林格曼 1 级。

8 监测

8.1 布点

8.1.1 排气筒中颗粒物或气态污染物监测的采样点数目及采样点位

置的设置，按 GB/T 16157—1996 执行。

8.1.2 无组织排放监测的采样点（即监控点）数目和采样点位置的设置方法，详见本标准附录 C。

8.2 采样时间和频次

本标准规定的三项指标，均指任何 1 小时平均值不得超过的限值，故在采样时应做到：

8.2.1 排气筒中废气的采样

以连续 1 小时的采样获取平均值；

或在 1 小时内，以等时间间隔采集 4 个样品，并计平均值。

8.2.2 无组织排放监控点的采样

无组织排放监控点和参照点监测的采样，一般采用连续 1 小时采样计平均值；

若浓度偏低，需要时可适当延长采样时间；

若分析方法灵敏度高，仅需用短时间采集样品时，应实行等时间间隔采样，采集四个样品计平均值。

8.2.3 特殊情况下的采样时间和频次

若某排气筒的排放为间断性排放，排放时间小于 1 小时，应在排放时段内实行连续采样，或在排放时段内以等时间间隔采集 2 个 ~4 个样品，并计平均值；

若某排气筒的排放为间断性排放，排放时间大于 1 小时，则应在排放时段内按 8.2.1 的要求采样；

当进行污染事故排放监测时，应按需要设置采样时间和采样频次，不受上述要求的限制；

建设项目环境保护设施竣工验收监测的采样时间和频次，按国家环境保护局制定的建设项目环境保护设施竣工验收监测办法执行。

8.3 监测工况要求

8.3.1 在对污染源的日常监督性监测中，采样期间的工况应与当时的运行工况相同，排污单位的人员和实施监测的人员都不应任意改变当时的运行工况。

8.3.2 建设项目环境保护设施竣工验收监测的工况要求按国家环境保护局制定的建设项目环境保护设施竣工验收监测办法执行。

8.4 采样方法和分析方法

8.4.1 污染物的分析方法按国家环境保护局规定执行。

8.4.2 污染物的采样方法按 GB/T 16157—1996 和国家环境保护局规定的分析方法有关部分执行。

8.5 排气量的测定

排气量的测定应与排放浓度的采样监测同步进行，排气量的测定方法按 GB/T 16157—1996 执行。

9 标准实施

9.1 位于国务院批准划定的酸雨控制区和二氧化硫污染控制区的污染源，其二氧化硫排放除执行本标准外，还应执行总量控制标准。

9.2 本标准中无组织排放监控浓度限值，由省、自治区、直辖市人民政府环境保护行政主管部门决定是否在本地区实施，并报国务院环境保护行政主管部门备案。

9.3 本标准由县级以上人民政府环境保护行政主管部门负责监督实施。

表1 现有污染源大气污染物排放限值

序号	污染物	最高允许排放浓度/mg·m^{-3}	最高允许排放速率/kg·h^{-1}				无组织排放监控浓度限值	
			排气筒/m	一级	二级	三级	监控点	浓度/mg·m^{-3}
1	二氧化硫	1200（硫、二氧化硫、硫酸和其它含硫化合物生产）	15	1.6	3.0	4.1	*无组织排放源上风向设参照点，下风向设监控点	0.50（监控点与参照点浓度差值）
			20	2.6	5.1	7.7		
			30	8.8	17	26		
			40	15	30	45		
		700（硫、二氧化硫、硫酸和其它含硫化合物使用）	50	23	45	69		
			60	33	64	98		
			70	47	91	140		
			80	63	120	190		
			90	82	160	240		
			100	100	200	310		

续表1

序号	污染物	最高允许排放浓度/mg·m⁻³	最高允许排放速率/kg·h⁻¹				无组织排放监控浓度限值	
			排气筒/m	一级	二级	三级	监控点	浓度/mg·m⁻³
2	氮氧化物	1700（硝酸、氮肥和火炸药生产）	15	0.47	0.91	1.4	无组织排放源上风向设参照点，下风向设监控点	0.15（监控点与参照点浓度差值）
			20	0.77	1.5	2.3		
			30	2.6	5.1	7.7		
			40	4.6	8.9	14		
		420（硝酸使用和其它）	50	7.0	14	21		
			60	9.9	19	29		
			70	14	27	41		
			80	19	37	56		
			90	24	47	72		
			100	31	61	92		
3	颗粒物	22（炭黑尘、染料尘）	15	禁排	0.60	0.87	* 周界外浓度最高点	肉眼不可见
			20		1.0	1.5		
			30		4.0	5.9		
			40		6.8	10		
		80**（玻璃棉尘、石英粉尘、矿渣棉尘）	15	禁排	2.2	3.1	无组织排放源上风向设参照点，下风向设监控点	2.0（监控点与参照点浓度差值）
			20		3.7	5.3		
			30		14	21		
			40		25	37		
		150（其它）	15	2.1	4.1	5.9	无组织排放源上风向设参照点，下风向设监控点	5.0（监控点与参照点浓度差值）
			20	3.5	6.9	10		
			30	14	27	40		
			40	24	46	69		
			50	36	70	110		
			60	51	100	150		
4	氟化氢	150	15	禁排	0.30	0.46	周界外浓度最高点	0.25
			20		0.51	0.77		
			30		1.7	2.6		
			40		3.0	4.5		
			50		4.5	6.9		
			60		6.4	9.8		
			70		9.1	14		
			80		12	19		

续表1

序号	污染物	最高允许排放浓度/mg·m^{-3}	最高允许排放速率/kg·h^{-1}				无组织排放监控浓度限值	
			排气筒/m	一级	二级	三级	监控点	浓度/mg·m^{-3}
5	铬酸雾	0.080	15	禁排	0.009	0.014	周界外浓度最高点	0.0075
			20		0.015	0.023		
			30		0.051	0.078		
			40		0.089	0.13		
			50		0.14	0.21		
			60		0.19	0.29		
6	硫酸雾	1000（火炸药厂）	15	禁排	1.8	2.8	周界外浓度最高点	1.5
			20		3.1	4.6		
		70（其它）	30		10	16		
			40		18	27		
			50		27	41		
			60		39	59		
			70		55	83		
			80		74	110		
7	氟化物	100（普钙工业）	15	禁排	0.12	0.18	无组织排放源上风向设参照点，下风向设监控点	20/(mg/m^3)（监控点与参照点浓度差值）
			20		0.20	0.31		
		11（其它）	30		0.69	1.0		
			40		1.2	1.8		
			50		1.8	2.7		
			60		2.6	3.9		
			70		3.6	5.5		
			80		4.9	7.5		
8	*氯气	85	25	禁排	0.60	0.90	周界外浓度最高点	0.50
			30		1.0	1.5		
			40		3.4	5.2		
			50		5.9	9.0		
			60		9.1	14		
			70		13	20		
			80		18	28		
9	铅及其化合物	0.90	15	禁排	0.005	0.007	周界外浓度最高点	0.0075
			20		0.007	0.011		
			30		0.031	0.048		
			40		0.055	0.083		
			50		0.085	0.13		
			60		0.12	0.18		
			70		0.17	0.26		
			80		0.23	0.35		
			90		0.31	0.47		
			100		0.39	0.60		

续表1

序号	污染物	最高允许排放浓度/mg·m^{-3}	最高允许排放速率/kg·h^{-1}				无组织排放监控浓度限值	
			排气筒/m	一级	二级	三级	监控点	浓度/mg·m^{-3}
10	汞及其化合物	0.015	15	禁排	1.8×10^{-3}	2.8×10^{-3}	周界外浓度最高点	0.0015
			20		3.1×10^{-3}	4.6×10^{-3}		
			30		10×10^{-3}	16×10^{-3}		
			40		18×10^{-3}	27×10^{-3}		
			50		27×10^{-3}	41×10^{-3}		
			60		39×10^{-3}	59×10^{-3}		
11	镉及其化合物	1.0	15	禁排	0.060	0.090	周界外浓度最高点	0.050
			20		0.10	0.15		
			30		0.34	0.52		
			40		0.59	0.90		
			50		0.91	1.4		
			60		1.3	2.0		
			70		1.8	2.8		
			80		2.5	3.7		
12	铍及其化合物	0.015	15	禁排	1.3×10^{-3}	2.0×10^{-3}	周界外浓度最高点	0.0010
			20		2.2×10^{-3}	3.3×10^{-3}		
			30		7.3×10^{-3}	11×10^{-3}		
			40		13×10^{-3}	19×10^{-3}		
			50		19×10^{-3}	29×10^{-3}		
			60		27×10^{-3}	41×10^{-3}		
			70		39×10^{-3}	58×10^{-3}		
			80		52×10^{-3}	79×10^{-3}		
13	镍及其化合物	5.0	15	禁排	0.18	0.28	周界外浓度最高点	0.050
			20		0.31	0.46		
			30		1.0	1.6		
			40		1.8	2.7		
			50		2.7	4.1		
			60		3.9	5.9		
			70		5.5	8.2		
			80		7.4	11		
14	锡及其化合物	10	15	禁排	0.36	0.55	周界外浓度最高点	0.30
			20		0.61	0.93		
			30		2.1	3.1		
			40		3.5	5.4		
			50		5.4	8.2		
			60		7.7	12		
			70		11	17		
			80		15	22		

续表1

序号	污染物	最高允许排放浓度/mg·m⁻³	最高允许排放速率/kg·h⁻¹				无组织排放监控浓度限值	
			排气筒/m	一级	二级	三级	监控点	浓度/mg·m⁻³
15	苯	17	15 20 30 40	禁排	0.60 1.0 3.3 6.0	0.90 1.5 5.2 9.0	周界外浓度最高点	0.50
16	甲苯	60	15 20 30 40	禁排	3.6 6.1 21 36	5.5 9.3 31 54	周界外浓度最高点	0.30
17	二甲苯	90	15 20 30 40	禁排	1.2 2.0 6.9 12	1.8 3.1 10 18	周界外浓度最高点	1.5
18	酚类	115	15 20 30 40 50 60	禁排	0.12 0.20 0.68 1.2 1.8 2.6	0.18 0.31 1.0 1.8 2.7 3.9	周界外浓度最高点	0.10
19	甲醛	30	15 20 30 40 50 60	禁排	0.30 0.51 1.7 3.0 4.5 6.4	0.46 0.77 2.6 4.5 6.9 9.8	周界外浓度最高点	0.25
20	乙醛	150	15 20 30 40 50 60	禁排	0.060 0.10 0.34 0.59 0.91 1.3	0.090 0.15 0.52 0.90 1.4 2.0	周界外浓度最高点	0.050

续表1

序号	污染物	最高允许排放浓度 /mg·m^{-3}	最高允许排放速率/kg·h^{-1}				无组织排放监控浓度限值	
			排气筒/m	一级	二级	三级	监控点	浓度 /mg·m^{-3}
21	丙烯腈	26	15 20 30 40 50 60	禁排	0.91 1.5 5.1 8.9 14 19	1.4 2.3 7.8 13 21 29	周界外浓度最高点	0.75
22	丙烯醛	20	15 20 30 40 50 60	禁排	0.61 1.0 3.4 5.9 9.1 13	0.92 1.5 5.2 9.0 14 20	周界外浓度最高点	0.50
23	*氯化氢	2.3	25 30 40 50 60 70 80	禁排	0.18 0.31 1.0 1.8 2.7 3.9 5.5	0.28 0.46 1.6 2.7 4.1 5.9 8.3	周界外浓度最高点	0.030
24	甲醇	220	15 20 30 40 50 60	禁排	6.1 10 34 59 91 130	9.2 15 52 90 140 200	周界外浓度最高点	15
25	苯胺类	25	15 20 30 40 50 60	禁排	0.61 1.0 3.4 5.9 9.1 13	0.92 1.5 5.2 9.0 14 20	周界外浓度最高点	0.50

续表1

序号	污染物	最高允许排放浓度/$mg \cdot m^{-3}$	最高允许排放速率/$kg \cdot h^{-1}$				无组织排放监控浓度限值	
			排气筒/m	一级	二级	三级	监控点	浓度/$mg \cdot m^{-3}$
26	氯苯类	85	15 20 30 40 50 60 70 80 90 100	禁排	0.67 1.0 2.9 5.0 7.7 11 15 21 27 34	0.92 1.5 4.4 7.6 12 17 23 32 41 52	周界外浓度最高点	0.50
27	硝基苯类	20	15 20 30 40 50 60	禁排	0.060 0.10 0.34 0.59 0.91 1.3	0.090 0.15 0.52 0.90 1.4 2.0	周界外浓度最高点	0.050
28	氯乙烯	65	15 20 30 40 50 60	禁排	0.91 1.5 5.0 8.9 14 19	1.4 2.3 7.8 13 21 29	周界外浓度最高点	0.75
29	苯并[a]芘	0.50×10^{-3} (沥青、炭素制品生产和加工)	15 20 30 40 50 60	禁排	0.06×10^{-3} 0.10×10^{-3} 0.34×10^{-3} 0.59×10^{-3} 0.90×10^{-3} 1.3×10^{-3}	0.09×10^{-3} 0.15×10^{-3} 0.51×10^{-3} 0.89×10^{-3} 1.4×10^{-3} 2.0×10^{-3}	周界外浓度最高点	0.01
30	* 光气	5.0	25 30 40 50	禁排	0.12 0.20 0.69 1.2	0.18 0.31 1.0 1.8	周界外浓度最高点	0.10

续表 1

序号	污染物	最高允许排放浓度 /mg·m⁻³	最高允许排放速率/kg·h⁻¹				无组织排放监控浓度限值	
			排气筒/m	一级	二级	三级	监控点	浓度 /mg·m⁻³
31	沥青烟	280(吹制沥青)	15	0.11	0.22	0.34	生产设备不得有明显的无组织排放存在	
			20	0.19	0.36	0.55		
		80(熔炼、浸涂)	30	0.82	1.6	2.4		
			40	1.4	2.8	4.2		
		150(建筑搅拌)	50	2.2	4.3	6.6		
			60	3.0	5.9	9.0		
			70	4.5	8.7	13		
			80	6.2	12	18		
32	石棉尘	2 根纤维/cm^3或 20mg/m^3	15	禁排	0.65	0.98	生产设备不得有明显的无组织排放存在	
			20		1.1	1.7		
			30		4.2	6.4		
			40		7.2	11		
			50		11	17		
33	非甲烷总烃	150(使用溶剂汽油或其它混合烃类物质)	15	6.3	12	18	周界外浓度最高点	5.0
			20	10	20	30		
			30	35	63	100		
			40	61	120	170		

* 一般应于无组织排放源上风向 2～50m 范围内设参照点，排放源下风向 2～50m 范围内设监控点，详见本标准附录 C。下同。

* 周界外浓度最高点一般应设于排放源下风向的单位周界外 10m 范围内。如预计无组织排放的最大落地浓度点越出 10m 范围，可将监控点移至该预计浓度最高点，详见本标准附录 C。下同。

* * 均指含游离二氧化硅 10% 以上的各种尘。

* 排放氯气的排气筒不得低于 25m。

* 排放氰化氢的排气筒不得低于 25m。

* 排放光气的排气筒不得低于 25m。

表 2 新污染源大气污染物排放限值

序号	污染物	最高允许排放浓度/mg·m^{-3}	最高允许排放速率/kg·h^{-1}			无组织排放监控浓度限值	
			排气筒/m	二级	三级	监控点	浓度/mg·m^{-3}
1	二氧化硫	960（硫、二氧化硫、硫酸和其它含硫化合物生产）	15	2.6	3.5	* 周界外浓度最高点	0.40
			20	4.3	6.6		
			30	15	22		
			40	25	38		
		550（硫、二氧化硫、硫酸和其它含硫化合物使用）	50	39	58		
			60	55	83		
			70	77	120		
			80	110	160		
			90	130	200		
			100	170	270		
2	氮氧化物	1400（硝酸、氮肥和火炸药生产）	15	0.77	1.2	周界外浓度最高点	0.12
			20	1.3	2.0		
			30	4.4	6.6		
			40	7.5	11		
		240（硝酸使用和其它）	50	12	18		
			60	16	25		
			70	23	35		
			80	31	47		
			90	40	61		
			100	52	78		
3	颗粒物	18（炭黑尘、染料尘）	15	0.15	0.74	周界外浓度最高点	肉眼不可见
			20	0.85	1.3		
			30	3.4	5.0		
			40	5.8	8.5		
		60 *（玻璃棉尘、石英粉尘、矿渣棉尘）	15	1.9	2.6	周界外浓度最高点	1.0
			20	3.1	4.5		
			30	12	18		
			40	21	31		
		120（其它）	15	3.5	5.0	周界外浓度最高点	1.0
			20	5.9	8.5		
			30	23	34		
			40	39	59		
			50	60	94		
			60	85	130		

续表2

序号	污染物	最高允许排放浓度/mg·m⁻³	最高允许排放速率/kg·h⁻¹			无组织排放监控浓度限值	
			排气筒/m	二级	三级	监控点	浓度/mg·m⁻³
4	氟化氢	100	15	0.26	0.39	周界外浓度最高点	0.20
			20	0.43	0.65		
			30	1.4	2.2		
			40	2.6	3.8		
			50	3.8	5.9		
			60	5.4	8.3		
			70	7.7	12		
			80	10	16		
5	铬酸雾	0.070	15	0.008	0.012	周界外浓度最高点	0.0060
			20	0.013	0.020		
			30	0.043	0.066		
			40	0.076	0.12		
			50	0.12	0.18		
			60	0.16	0.25		
6	硫酸雾	430（火炸药厂）	15	1.5	2.4	周界外浓度最高点	1.2
			20	2.6	3.9		
			30	8.8	13		
		45（其它）	40	15	23		
			50	23	35		
			60	33	50		
			70	46	70		
			80	63	95		
7	氟化物	90（普钙工业）	15	0.10	0.15	周界外浓度最高点	20
			20	0.17	0.26		
			30	0.59	0.88		
			40	1.0	1.5		
		9.0（其它）	50	1.5	2.3		
			60	2.2	3.3		
			70	3.1	4.7		
			80	4.2	6.3		

续表2

序号	污染物	最高允许排放浓度/mg·m⁻³	最高允许排放速率/kg·h⁻¹			无组织排放监控浓度限值	
			排气筒/m	二级	三级	监控点	浓度/mg·m⁻³
8	*氯气	65	25 30 40 50 60 70 80	0.52 0.87 2.9 5.0 7.7 11 15	0.78 1.3 4.4 7.6 12 17 23	周界外浓度最高点	0.40
9	铅及其化合物	0.70	15 20 30 40 50 60 70 80 90 100	0.004 0.006 0.027 0.047 0.072 0.10 0.15 0.20 0.26 0.33	0.006 0.009 0.041 0.071 0.11 0.15 0.22 0.30 0.40 0.51	周界外浓度最高点	0.0060
10	汞及其化合物	0.012	15 20 30 40 50 60	1.5×10^{-3} 2.6×10^{-3} 7.8×10^{-3} 15×10^{-3} 23×10^{-3} 33×10^{-3}	2.4×10^{-3} 3.9×10^{-3} 13×10^{-3} 23×10^{-3} 35×10^{-3} 50×10^{-3}	周界外浓度最高点	0.0012
11	镉及其化合物	0.85	15 20 30 40 50 60 70 80	0.050 0.090 0.29 0.50 0.77 1.1 1.5 2.1	0.080 0.13 0.44 0.77 1.2 1.7 2.3 3.2	周界外浓度最高点	0.040

续表2

序号	污染物	最高允许排放浓度 /mg·m⁻³	最高允许排放速率/kg·h⁻¹			无组织排放监控浓度限值	
			排气筒 /m	二级	三级	监控点	浓度 /mg·m⁻³
12	铍及其化合物	0.012	15 20 30 40 50 60 70 80	1.1×10^{-3} 1.8×10^{-3} 6.2×10^{-3} 11×10^{-3} 16×10^{-3} 23×10^{-3} 33×10^{-3} 44×10^{-3}	1.7×10^{-3} 2.8×10^{-3} 9.4×10^{-3} 16×10^{-3} 25×10^{-3} 35×10^{-3} 50×10^{-3} 67×10^{-3}	周界外浓度最高点	0.0008
13	镍及其化合物	4.3	15 20 30 40 50 60 70 80	0.15 0.26 0.88 1.5 2.3 3.3 4.6 6.3	0.24 0.34 1.3 2.3 3.5 5.0 7.0 10	周界外浓度最高点	0.040
14	锡及其化合物	8.5	15 20 30 40 50 60 70 80	0.31 0.52 1.8 3.0 4.6 6.6 9.3 13	0.47 0.79 2.7 4.6 7.0 10 14 19	周界外浓度最高点	0.24
15	苯	12	15 20 30 40	0.50 0.90 2.9 5.6	0.80 1.3 4.4 7.6	周界外浓度最高点	0.40
16	甲苯	40	15 20 30 40	3.1 5.2 18 30	4.7 7.9 27 46	周界外浓度最高点	2.4

续表2

序号	污染物	最高允许排放浓度/mg·m^{-3}	最高允许排放速率/kg·h^{-1}			无组织排放监控浓度限值	
			排气筒/m	二级	三级	监控点	浓度/mg·m^{-3}
17	二甲苯	70	15 20 30 40	1.0 1.7 5.9 10	1.5 2.6 8.8 15	周界外浓度最高点	1.2
18	酚　类	100	15 20 30 40 50 60	0.10 0.17 0.58 1.0 1.5 2.2	0.15 0.26 0.88 1.5 2.3 3.3	周界外浓度最高点	0.080
19	甲　醛	25	15 20 30 40 50 60	0.26 0.43 1.4 2.6 3.8 5.4	0.39 0.65 2.2 3.8 5.9 8.3	周界外浓度最高点	0.20
20	乙　醛	125	15 20 30 40 50 60	0.050 0.090 0.29 0.50 0.77 1.1	0.080 0.13 0.44 0.77 1.2 1.6	周界外浓度最高点	0.040
21	丙烯醛	22	15 20 30 40 50 60	0.77 1.3 4.4 7.5 12 16	1.2 2.0 6.6 11 18 25	周界外浓度最高点	0.60
22	丙烯醛	16	15 20 30 40 50 60	0.52 0.87 2.9 5.0 7.7 11	0.78 1.3 4.4 7.6 12 17	周界外浓度最高点	0.40

续表2

序号	污染物	最高允许排放浓度/mg·m^{-3}	最高允许排放速率/kg·h^{-1}			无组织排放监控浓度限值	
			排气筒/m	二级	三级	监控点	浓度/mg·m^{-3}
23	*氯化氢	1.9	25 30 40 50 60 70 80	0.15 0.26 0.88 1.5 2.3 3.3 4.6	0.24 0.39 1.3 2.3 3.5 5.0 7.0	周界外浓度最高点	0.024
24	甲 醇	190	15 20 30 40 50 60	5.1 8.6 29 50 77 100	7.8 13 44 70 120 170	周界外浓度最高点	12
25	苯胺类	20	15 20 30 40 50 60	0.52 0.87 2.9 5.0 7.7 11	0.78 1.3 4.4 7.6 12 17	周界外浓度最高点	0.40
26	氯苯类	60	15 20 30 40 50 60 70 80 90 100	0.52 0.87 2.5 4.3 6.6 9.3 13 18 23 29	0.78 1.3 3.8 6.5 9.9 14 20 27 35 44	周界外浓度最高点	0.40
27	硝基苯类	16	15 20 30 40 50 60	0.050 0.090 0.29 0.50 0.77 1.1	0.080 0.13 0.44 0.77 1.2 1.7	周界外浓度最高点	0.040

续表2

序号	污染物	最高允许排放浓度/mg·m^{-3}	最高允许排放速率/kg·h^{-1}			无组织排放监控浓度限值	
			排气筒/m	二级	三级	监控点	浓度/mg·m^{-3}
28	氯乙烯	36	15 20 30 40 50 60	0.77 1.3 4.4 7.5 12 16	1.2 2.0 6.6 11 18 25	周界外浓度最高点	0.60
29	苯并[a]芘	0.30×10^{-3}（沥青及炭素制品生产和加工）	15 20 30 40 50 60	0.050×10^{-3} 0.085×10^{-3} 0.29×10^{-3} 0.50×10^{-3} 0.77×10^{-3} 1.1×10^{-3}	0.080×10^{-3} 0.13×10^{-3} 0.43×10^{-3} 0.76×10^{-3} 1.2×10^{-3} 1.7×10^{-3}	周界外浓度最高点	0.008
30	*光气	3.0	25 30 40 50	0.10 0.17 0.59 1.0	0.15 0.26 0.88 1.5	周界外浓度最高点	0.080
31	沥青烟	140（吹制沥青） 40（熔炼、浸涂） 75（建筑搅拌）	15 20 30 40 50 60 70 80	0.18 0.30 1.3 2.3 3.6 5.6 7.4 10	0.27 0.45 2.0 3.5 5.4 7.5 11 15	生产设备不得有明显的无组织排放存在	
32	石棉尘	1根纤维/cm^{3}或10mg/m^3	15 20 30 40 50	0.55 0.93 3.6 6.2 9.4	0.83 1.4 5.4 9.3 14	生产设备不得有明显的无组织排放存在	

续表 2

序号	污染物	最高允许排放浓度 /mg · m^{-3}	最高允许排放速率/kg · h^{-1}			无组织排放监控浓度限值	
			排气筒 /m	二级	三级	监控点	浓度 /mg · m^{-3}
33	非甲烷总烃	120（使用溶剂汽油或其它混合烃类物质）	15 20 30 40	10 17 53 100	16 27 83 150	周界外浓度最高点	4.0

* 周界外浓度最高点一般应设置于无组织排放源下风向的单位周界外 10m 范围内，若预计无组织排放的最大落地浓度点越出 10m 范围，可将监控点移至该预计浓度最高点，详见附录。下同。
* 均指含游离二氧化硅超过 10% 以上的多种尘。
* 排放氯气的排气筒不得低于 25m。
* 排放氰化氢的排气筒不得低于 25m。
* 排放光气的排气筒不得低于 25m。

参考文献

[1] 汪旭光，潘家柱. 21 世纪中国有色金属工业可持续发展战略[M]. 北京：冶金工业出版社，2001.

[2] 陈有军. 单位环境污染综合治理技术实用手册[M]. 北京：华龄出版社，2000.

[3] 矿产资源综合利用手册编辑委员会. 矿产资源综合利用手册[M]. 北京：科技出版社，2000.

[4] 肖亚庆，谢水生，刘静安，王涛. 铝加工技术实用手册[M]. 北京：冶金工业出版社，2005.

[5] 工业污染治理技术丛书编委会. 有色冶金工业烟气治理[M]. 北京：中国环境科学出版社，1993.

[6] 李永刚. 中华人民共和国实用新型专利. ZL96213202.0[P]. 1997.

[7] 罗云. 注册安全工程师手册[M]. 北京：化学工业出版社，2004.

[8] 冶金部安全教育中心. 爆炸[M]. 陈汉量译. 1986.

[9] 金德福. 煤气熔炼反射炉爆炸实例[J]. 轻金属，1999（4）.

[10] 刘兴利等. 中国有色金属工业企业管理全书[M]. 北京：经济科学出版社，1988.

[11] 全国热处理标准化技术委员会. 国家标准应用指南：金属热处理生产过程安全卫生要求[M]. 樊东黎，第二版：机械工业标准化技术服务部，1998.

[12] 周国泰. 危险化学品安全技术全书[M]. 北京：化学工业出版社，1997.

[13] 阮崇武，李伯勇. 安全知识实用大全[M]. 上海：文汇出版社，1990.